Günter Bamberg, Franz Baur, Michael Krapp

Statistik-Arbeitsbuch

Günter Bamberg, Franz Baur, Michael Krapp

Statistik-Arbeitsbuch

Übungsaufgaben – Fallstudien – Lösungen

10., aktualisierte Auflage

DE GRUYTER
OLDENBOURG

ISBN 978-3-11-029739-3
e-ISBN (PDF) 978-3-11-049575-1
e-ISBN (EPUB) 978-3-11-049343-6

Library of Congress Cataloging-in-Publication Data
A CIP catalog record for this book has been applied for at the Library of Congress.

Bibliografische Information der Deutschen Nationalbibliothek
Die Deutsche Nationalbibliothek verzeichnet diese Publikation in der Deutschen
Nationalbibliografie; detaillierte bibliografische Daten sind im Internet
über http://dnb.dnb.de abrufbar.

© 2017 Walter de Gruyter GmbH, Berlin/Boston
Einbandabbildung: Günter Bamberg, Franz Baur, Michael Krapp
Druck und Bindung: Hubert & Co. GmbH & Co. KG, Göttingen
♾ Gedruckt auf säurefreiem Papier
Printed in Germany

www.degruyter.com

Inhaltsverzeichnis

Vorwort zur zehnten Auflage

Seit der neunten Auflage des Statistik-Arbeitsbuches sind mehrere Auflagen des zugrunde liegenden Lehrbuches Bamberg et al.: Statistik erschienen. Die damit verbundenen inhaltlichen Änderungen machten auch eine Überarbeitung des Arbeitsbuches erforderlich. Zusätzlich wurden eine Aufgabe zum approximativen Zweistichproben-Gaußtest ergänzt und einige Aufgabentexte aktualisiert. Ansonsten haben wir uns auf geringfügige Anpassungen beschränkt, unter anderem auf die obligatorische Aktualisierung des Literaturverzeichnisses sowie auf die Korrektur einiger weniger Tippfehler und Inkonsistenzen.

Gemäß einem empirisch gut untermauerten Gesetz enthält jedes Buch Druckfehler. Unter http://www.wiwi.uni-augsburg.de/bwl/krapp/druckfehler werden wir die Liste der nach und nach entdeckten Fehler im Internet veröffentlichen. Wir hoffen auf eine kurze Liste. Verweise auf Abschnitte, Seiten, Formelnummern, Beispiele, Tabellen und Abbildungen beziehen sich stets auf die 18. Auflage des Lehrbuches Bamberg et al.: Statistik, De Gruyter Oldenbourg.

Augsburg, im Dezember 2016

G. Bamberg
F. Baur
M. Krapp

Vorwort zur ersten Auflage

Das vorliegende Arbeitsbuch dient der Einübung grundlegender Begriffe und Verfahren der statistischen Methodenlehre. Es besteht aus

- 30 Aufgaben zur deskriptiven Statistik
- 42 Aufgaben zur Wahrscheinlichkeitsrechnung
- 50 Aufgaben zur induktiven Statistik,

die jeweils mit einer ausführlichen Lösung versehen sind. Die Einordnung der Aufgaben erfolgt gemäß dem in den Aufgaben überwiegend benutzten Begriff. So beinhalten einige der in die induktive Statistik eingeordneten Aufgaben beispielsweise auch Begriffe aus der deskriptiven Statistik. Alle Aufgaben sind eingekleidet, wobei die inhaltlich angesprochenen Probleme überwiegend die Bereiche Betriebswirtschaftslehre, Volkswirtschaftslehre, Ökologie und Verhaltenswissenschaften betreffen.

Ob eine Aufgabe als schwer oder leicht einzustufen ist, hängt weitgehend von den individuellen (mathematischen) Vorkenntnissen sowie von der Schwerpunktsetzung des jeweiligen Statistik-Kurses ab. Ferner hängt der Schwierigkeitsgrad einer Aufgabe – als Klausuraufgabe betrachtet – entscheidend von dem zur Verfügung stehenden Zeitbudget und von den zugelassenen Hilfsmitteln ab. Infolgedessen wurde auf eine Kennzeichnung des Schwierigkeitsgrades mittels einer Punktzahl verzichtet. Stattdessen wurde eine Reihe von Aufgaben durch ein **Sternchensymbol** als relativ schwierig eingestuft. Diese Aufgaben können eher als (leicht simplifizierte) Fallstudien angesehen werden, die den Schwierigkeitsgrad von typischen Klausuraufgaben an wirtschaftswissenschaftlichen Fakultäten übersteigen dürften. An den meisten Fakultäten sind vervielfältigte frühere Klausuraufgaben zugänglich, mittels derer ein Maßstab für die aktuell geforderte Leistung ableitbar ist. Bezeichnungen und Tabellenwerte sind dem Lehrbuch

Bamberg, G.; Baur, F.: Statistik, Oldenbourg-Verlag, München–Wien

entlehnt und entsprechen weitgehend dem üblichen Standard. Die Stoffauswahl deckt sich mit den Teilen I, II und III dieses Lehrbuches mit der geringfügigen Modifikation, daß auch einige Aufgaben zum Thema „geschichtete Stichproben" (das im Abschnitt 18.2 von Teil IV behandelt wird) in die induktive Statistik aufgenommen wurden. Verweise auf Abschnitte, Seiten, Formelnummern, Tabellen und Figuren beziehen sich stets auf das erwähnte Lehrbuch, wobei es unerheblich ist, um welche Auflage es sich handelt. Sofern im Arbeitsbuch Begriffe, insbesondere Verteilungen, vorkommen, die nicht im Lehrbuch erläutert wurden, werden sie hinreichend ausführlich definiert und in den meisten Fällen im Anschluß an die Musterlösung nochmals allgemeiner kommentiert. Oft wurde auf zwei Nachkommastellen gerundet. Falls in der Lösung gerundete Zwischenergebnisse notiert wurden, beruht auch die weitere Rechnung – der leichteren Nachvollziehbarkeit halber – auf diesen gerundeten Zwischenwerten.

Für die kritische Durchsicht des Manuskripts danken wir den Herren Dr. Hermann Locarek, Dipl.-Oec. Carl-Martin Preuß und Dr. Ralf Trost. Unser Dank gilt darüber hinaus Frau Birgit Emmrich, die aufgrund ihrer profunden LaTeX-Kenntnisse die Reinfassung erstellt hat, sowie schließlich Herrn Martin Weigert und dem Oldenbourg-Verlag für die verständnisvolle Zusammenarbeit.

Augsburg, im September 1988   G. Bamberg
                                                              F. Baur

Liste wichtiger Symbole

Symbole für Teil I

X bzw. Y	Merkmale
x_i bzw. y_i	Beobachtungswerte von X bzw. Y
$a_1, \ldots, a_k$	realisierte Ausprägungen des Merkmals X
$h(a_j)$	absolute Häufigkeit der Ausprägung a_j
$f(a_j)$	relative Häufigkeit von a_j
$H(x)$	kumulierte absolute Häufigkeitsverteilung
$F(x)$	kumulierte relative Häufigkeitsverteilung
$\bar{x}$	arithmetisches Mittel
s^2	mittlere quadratische Abweichung
s	Standardabweichung
r	Bravais-Pearson-Korrelationskoeffizient

Symbole für Teil II

X bzw. Y	Zufallsvariablen (gegebenenfalls auch dazugehörige Merkmale)
Ω	Ergebnismenge
P	Wahrscheinlichkeitsmaß
$P(A\|B)$	bedingte Wahrscheinlichkeit
$f(x)$	Wahrscheinlichkeitsfunktion bzw. Wahrscheinlichkeitsdichte
$F(x)$	Verteilungsfunktion
$B(n; p)$	Binomialverteilung
$N(\mu; \sigma)$	Normalverteilung
$N(0; 1)$	Standardnormalverteilung
$\Phi(x)$	Verteilungsfunktion der Standardnormalverteilung
$\mathrm{E}(X)$ bzw. μ	Erwartungswert der Zufallsvariablen X
$\mathrm{Var}(X)$ bzw. σ^2	Varianz der Zufallsvariablen X

Symbole für Teil III

G	Grundgesamtheit
X_i	i-te Stichprobenvariable
$\overline{X}$	Stichprobenmittel
S^2	Stichprobenvarianz
S	Stichproben-Standardabweichung
$(x_1, \ldots, x_n)$	Stichprobenergebnis
$f(x_1, \ldots, x_n \vert \vartheta)$	Likelihoodfunktion
V_u bzw. V_o	untere bzw. obere Grenze eines Konfidenzintervalls
V bzw. v	Testfunktion bzw. ihre Realisierung
H_0 bzw. H_1	Nullhypothese bzw. Alternativhypothese
α	Signifikanzniveau, Irrtumswahrscheinlichkeit
B	Verwerfungsbereich eines Tests
$g(\vartheta)$	Gütefunktion

Teil I:

Deskriptive Statistik

Aufgaben zur deskriptiven Statistik

Aufgabe 1.1

2010 wurden in einem Land 350 Milliarden Kilowattstunden Strom erzeugt. Bei einer Aufschlüsselung nach den eingesetzten Primärenergieträgern (Kernkraft, Steinkohle, Braunkohle, Erdöl, Gas, Wasserkraft, Sonstige) entfällt bei einer Darstellung mittels eines Kreissektorendiagramms auf die Steinkohle ein Winkel von 68 Grad. Wie viele Kilowattstunden wurden mittels Steinkohle erzeugt?

Aufgabe 1.2

Von 9 Millionen Objekten privaten Haus- und Wohnbesitzes entfallen 50 % auf Einfamilienhäuser, 25 % auf Zweifamilienhäuser, 10 % auf Mehrfamilienhäuser und 15 % auf Eigentumswohnungen. Erstellen Sie das entsprechende Kreissektorendiagramm.

Aufgabe 1.3

An der Scanner-Kasse eines Supermarkts wurden für 50 aufeinanderfolgende Kunden folgende Bedienungszeiten (in Sekunden) registriert:

$$40 \quad 20 \quad 22 \quad 15 \quad 18 \quad 51 \quad 37 \quad 42 \quad 31 \quad 58$$
$$33 \quad 39 \quad 49 \quad 22 \quad 23 \quad 62 \quad 42 \quad 53 \quad 43 \quad 44$$
$$19 \quad 49 \quad 39 \quad 36 \quad 37 \quad 38 \quad 22 \quad 24 \quad 32 \quad 29$$
$$41 \quad 40 \quad 39 \quad 38 \quad 27 \quad 51 \quad 52 \quad 54 \quad 28 \quad 22$$
$$64 \quad 19 \quad 50 \quad 40 \quad 18 \quad 68 \quad 51 \quad 41 \quad 48 \quad 57$$

a) Erstellen Sie ein Histogramm unter Verwendung der Klassengrenzen

$$0 \quad 20 \quad 30 \quad 40 \quad 50 \quad 70 \,,$$

    wobei die Klassen links abgeschlossen und rechts offen seien.

b) Bestimmen Sie den Modalwert, den Median sowie das arithmetische Mittel der Bedienungszeiten.

Aufgabe 1.4

Flexible Fertigungssysteme werden meist als Warteschlangennetzwerk modelliert, wobei unterstellt wird, dass an jeder Station unbegrenzte lokale Ein- und Ausgangspuffer vorhanden sind. Insbesondere die in der Praxis limitierte Kapazität des Ausgangspuffers kann zur Blockierung der Station führen. Da eine geplante Produktionsausweitung eine weitere Reduktion des Ausgangspuffers erforderlich macht, wird über einen längeren Zeitraum hinweg an einer speziellen Station registriert, wie viele Paletten die Station pro Zeiteinheit verlassen. Die Beobachtungen liefern folgende Daten:

Anzahl x der Paletten	3	4	5	6	7	8	9	10
Häufigkeit	10	15	30	30	25	20	15	5

a) Bestimmen Sie die Werte $F(7)$ und $F(8)$ der empirischen Verteilungsfunktion F des Merkmals X (= Anzahl der Paletten, die die Station pro Zeiteinheit verlassen).

b) Geben Sie mittels F und x an, in wie viel Prozent der Fälle eine Blockierung der Station eintritt, wenn man davon ausgehen kann, dass eine Blockierung erfolgt, wenn mehr als x Paletten die Station (pro Zeiteinheit) verlassen. Welcher numerische Wert ergibt sich speziell für $x = 7$?

Aufgabe 1.5

In Aufgabe 3.10 aus Bamberg et al. (2017, S. 19) wurde ein Standortproblem geschildert und nach dem optimalen Standort der Kantine gefragt. Optimalitätskriterium war die Minimierung der Summe der Wegstrecken aller 1 000 Beschäftigten. Welches ist der optimale Standort, wenn

a) die Summe aller Zeiten, die für den Hin- und Rückweg zur Kantine aufgebracht werden müssen, minimiert werden soll? Dabei gehe man davon aus, dass die Gehgeschwindigkeit 1,3 Meter pro Sekunde beträgt.

b) extrem lange Wege möglichst vermieden werden sollen? Diese Forderung werde dadurch präzisiert, dass jede Wegstrecke w quadratisch (d. h. als w^2) gezählt wird, was extrem kurze Strecken begünstigt und längere Strecken mit einem progressiven Malus belegt.

c) die „Rüstzeiten" für den Gang zur Kantine minimiert werden sollen? Dabei sei die Rüstzeit 0, wenn die Wegstrecke 0 ist; sobald die Wegstrecke von null verschieden ist, fallen pro Person Rüstzeiten (Mantel anziehen, Schirm suchen usw.) von 30 Sekunden an.

Aufgabe 1.6

Die Lagerpositionen (jeweils Produkt aus Preis und Menge) eines Vorratslagers wurden der Größe nach geordnet und daraus die Lorenzkurve ermittelt. Es zeigte sich, dass die (auf das Einheitsquadrat normierte) Lorenzkurve so gut durch $L(p) = p^5$ mit $0 \leq p \leq 1$ zu approximieren ist, dass die folgenden Fragen mittels dieser Approximation beantwortet werden können:

a) Wie viel Prozent des gesamten Lagerwertes entfallen auf die 80 % geringerwertigen Lagerpositionen?
b) Auf wie viel Prozent der höherwertigen Positionen entfallen 80 % des gesamten Lagerwertes?

Aufgabe 1.7

Für drei Aktiengesellschaften sind in nachfolgender Tabelle die prozentualen Anteile der vier größten Aktionäre (die für jede AG differieren können) eingetragen worden:

AG	Aktionär 1	Aktionär 2	Aktionär 3	Aktionär 4
1	40	20	12	1
2	20	10	10	10
3	51	9	8	7

a) Berechnen Sie zur Quantifizierung der Konzentration des Aktienkapitals die Konzentrationskoeffizienten CR_1, CR_2, CR_3 und CR_4 für die drei Aktiengesellschaften.
b) Bei welcher Gesellschaft ist das Aktienkapital am stärksten konzentriert, wenn CR_3 bzw. CR_4 als Konzentrationsmaß verwendet wird?
c) Welcher Gini-Koeffizient ergibt sich für Aktiengesellschaft 2, wenn angenommen werden kann, dass sich der Streubesitz gleichmäßig auf weitere 9 996 Aktionäre aufteilt?

Aufgabe 1.8

Auf die 10 Lebensversicherungsgesellschaften eines Landes entfielen 2002 folgende Beitragssummen (in 10^7 Euro):

Gesellschaft i	1	2	3	4	5	6	7	8	9	10
Beiträge	50	150	200	50	50	50	50	50	50	500

a) Ermitteln und skizzieren Sie die Lorenzkurve.
b) Berechnen Sie den Gini-Koeffizienten G.
c) Berechnen Sie den Herfindahl-Index H.
d) Berechnen Sie den Exponentialindex E.

Aufgabe 1.9

200 männliche Personen wurden nach ihrem Berufsstand und dem ihres Vaters gefragt. Unter den 200 Personen waren 60 die Söhne von Angestellten. Ferner ergaben sich folgende Daten:

Sohn \ Vater	Arbeiter	Angestellter	Beamter	Selbstständiger
Arbeiter	40	10	0	
Angestellter	40		5	10
Beamter	10	25	25	0
Selbstständiger	0	0	0	10

a) Ergänzen Sie die beiden fehlenden Werte sowie die Randhäufigkeiten.
b) Ist der Berufsstand des Sohnes von demjenigen des Vaters unabhängig?

Aufgabe 1.10

Eine Unternehmensberatung testet Bewerber auf analytische Fähigkeiten. 2 000 Bewerber wurden im Jahre 2010 getestet. 600 erzielten ein gutes, 900 ein mittleres und 500 ein schlechtes Testergebnis. Routinemäßig wurde auch die Haarfarbe der Bewerber festgehalten: 1 000 hatten braune Haare, 400 waren blond und 600 hatten schwarze Haare. Man wird erwarten, dass das Testergebnis weitgehend unabhängig von der Haarfarbe ist (andernfalls könnte man auf den aufwändigen Test verzichten und sich an dem einfacher zu erhebenden Merkmal „Haarfarbe" orientieren). Bei den 2 000 Bewerbern lag sogar exakte Unabhängigkeit vor.

a) Stellen Sie die Kontingenztabelle auf.
b) Berechnen Sie den Kontingenzkoeffizienten.

Aufgabe 1.11

In Börsenkreisen wird oft von einem Zusammenhang zwischen Rentenrenditen und Aktienkursen gesprochen. Zu 8 Zeitpunkten wurden folgende Werte für den Aktienindex der Frankfurter Allgemeinen Zeitung (FAZ-Index) und die Durchschnittsrendite öffentlicher Anleihen mit 10 Jahren Laufzeit beobachtet:

Zeitpunkt	1	2	3	4	5	6	7	8
FAZ-Index	221	251	346	376	401	421	471	481
Rendite in %	9,7	7,9	8,6	7,2	7,3	7,1	7,0	6,8

a) Berechnen Sie den Bravais-Pearson-Korrelationskoeffizienten.
b) Berechnen Sie den Rangkorrelationskoeffizienten von Spearman.

Aufgabe 1.12

Liegen für ein kardinales Merkmal Zeitreihendaten $x_1, x_2, \ldots, x_n$ vor (man denke beispielsweise an die monatlich erhobene Anzahl der Arbeitslosen eines Landes), so kann man Bravais-Pearson-Korrelationskoeffizienten bilden, indem man die ursprüngliche Zeitreihe als erstes Merkmal und die um $k = 1, 2, \ldots$ Zeitperioden verschobene Zeitreihe als zweites Merkmal auffasst. D. h. man berechnet den Bravais-Pearson-Korrelationskoeffizienten für die Beobachtungspaare

$$(x_1, x_{1+k}), \ (x_2, x_{2+k}), \ldots, (x_{n-k}, x_n) \, .$$

Es ist offensichtlich, dass man hierdurch wertvolle Informationen über die Struktur der Zeitreihendaten erhalten kann. Üblicherweise vereinfacht man die Berechnungen, indem man die (von der strikten Anwendung der Bravais-Pearson-Definition abweichende) Formel

$$r_k = \frac{\sum\limits_{t=1}^{n-k} (x_t - \bar{x})(x_{t+k} - \bar{x})}{\sum\limits_{t=1}^{n} (x_t - \bar{x})^2}$$

verwendet, wobei

$$\bar{x} = \frac{1}{n} \sum_{t=1}^{n} x_t$$

bedeutet. r_k wird als Autokorrelationskoeffizient für den Time-Lag k bezeichnet. Die Gesamtheit der für eine Zeitreihe berechneten r_k-Werte bzw. ihre Darstellung als Stabdiagramm bezeichnet man als Korrelogramm der Zeitreihe. Berechnen und skizzieren Sie (für $k = 0, 1, \ldots, 7$) das Korrelogramm folgender Zeitreihe:

Zeit t	1	2	3	4	5	6	7	8
Zeitreihenwert x_t	10	12	8	12	8	10	7	13

Aufgabe 1.13

Eine Unternehmensabteilung ist ausschließlich mit der Herstellung eines einzigen Produktes beschäftigt. Für 10 Perioden wurden folgende Produktionsmengen x und Gesamtkosten y der Abteilung registriert:

Periode i	1	2	3	4	5
Output x_i	9	12	14	12	12
Kosten y_i	1 216	1 300	1 356	1 288	1 276

Periode i	6	7	8	9	10
Output x_i	13	10	11	12	15
Kosten y_i	1 292	1 260	1 244	1 288	1 360

Die hierdurch definierte Regressionsgerade diene der Ermittlung von variablen Kosten (= Anstieg der Regressionsgeraden) und fixen Kosten (= absolutes Glied der Regressionsgeraden). Wie groß sind die variablen und die fixen Kosten?

Aufgabe 1.14

Eine empirische Untersuchung der Beschäftigtenzahl (= Merkmal X) und der prozentualen Fehlzeit (= Merkmal Y) ergab für 30 Betriebe mit einer Beschäftigtenzahl zwischen 10 und 10 000 das Ergebnis, dass der Tendenz nach die prozentualen Fehlzeiten mit der Anzahl der Beschäftigten anwachsen. Das Ergebnis kann möglicherweise mit der Verringerung des Zusammengehörigkeitsgefühls bei wachsender Betriebsgröße begründet werden. Im Einzelnen wurden

- die arithmetischen Mittel $\bar{x} = 800$ und $\bar{y} = 6,5$;
- die mittleren quadratischen Abweichungen $s_x^2 = 10^6$ und $s_y^2 = 1$ und
- der Bravais-Pearson-Korrelationskoeffizient $r = 0,6$

ermittelt.

- a) Bestimmen Sie die Regressionsgerade.
- b) Mit welcher prozentualen Fehlzeit ist bei einem Großbetrieb mit 8 000 Beschäftigten zu rechnen?

Aufgabe 1.15

Für 80 Gemeinden unterschiedlicher Größen werden das monatliche Müllaufkommen (= Merkmal Y) und die Anzahl der zu Monatsbeginn gemeldeten Einwohner (= Merkmal X) einer linearen Regressionsanalyse unterzogen. Der Analytiker berechnet eine Regressionsgerade, die durch 79 der beobachteten Wertepaare (x_i, y_i) verläuft. Lediglich (x_{80}, y_{80}) liegt nicht auf der berechneten Regressionsgeraden. Muss zwangsläufig ein Rechenfehler vorliegen oder ist ein derartiger Befund bei empirischen Daten möglich?

Aufgabe 1.16

Für ein Unternehmen der Chemie-Branche wurde eine Regressionsanalyse durchgeführt, wobei der Jahresumsatz als Regressand und die jeweiligen Vorjahresaufwendungen für Forschung und Entwicklung als Regressor fungierten. Es resultierte die Regressionsgerade

$$y = 6 \cdot 10^8 + 50x \ .$$

Ferner betrug der mittlere Jahresumsatz $2{,}6 \cdot 10^9$ Euro. Wie hoch waren die mittleren F&E-Aufwendungen?

Aufgabe 1.17

Welche der folgenden Aussagen sind richtig, welche sind falsch?

a) Je größer der Anstieg der Regressionsgeraden, desto größer ist der Bravais-Pearson-Korrelationskoeffizient.

b) Ist der Anstieg der Regressionsgeraden positiv, so ist auch der Bravais-Pearson-Korrelationskoeffizient positiv.

c) Scheinkorrelationen erkennt man daran, dass der Bestimmtheitskoeffizient außergewöhnlich hoch ist.

d) Der Bestimmtheitskoeffizient ist umso größer, je steiler die Regressionsgerade ist.

e) Der Bestimmtheitskoeffizient wird mit wachsender Anzahl der Beobachtungen größer.

f) Der Bestimmtheitskoeffizient ist genau dann gleich 1, wenn alle Residuen gleich 0 sind.

Aufgabe 1.18

In einer Großstadt wird (zum Zeitpunkt $x = 0$) ein flächendeckendes Netz von Wertstofftonnen installiert. Vermutlich wird der prozentuale Anteil (= Merkmal Y) derjenigen Haushalte, die Batterien, Aluminium usw. zu diesen Tonnen bringen, im Verlaufe der Zeit (= Merkmal X) monoton anwachsen. Versuchsweise wird das Anwachsen gemäß der Funktion

$$y = 100 - a e^{-x} \quad \text{für} \quad x \geqq 0$$

modelliert, wobei a ein positiver Regressionsparameter und x in Jahren zu messen ist.

a) Welcher Wert $\hat{a}$ ergibt sich für a nach dem Kleinst-Quadrate-Prinzip?

b) Wie groß ist $\hat{a}$, wenn folgende Beobachtungen vorliegen?

i	1	2	3	4	5
x_i	$\frac{1}{12}$	$\frac{3}{12}$	$\frac{5}{12}$	$\frac{8}{12}$	1
y_i	10	12	16	18	23

c) Gegeben seien wieder die empirischen Daten aus Teil b). Nach welcher Zeitspanne ist zu erwarten, dass 90 % aller Haushalte die Wertstofftonnen benutzen?

Aufgabe 1.19

Ein Aktienindex habe die Form einer gewichteten Summe von Aktienkurs-Messzahlen. Das Gewicht ist jeweils proportional zum Grundkapital. Auf die 300 im Index berücksichtigten Aktiengesellschaften entfällt insgesamt ein Grundkapital von 10^{11} Euro. Der Aktienindex zeige folgende Reaktion: Bleibt der Kurs der Aktie Nr. 1 gleich und steigen alle restlichen Kurse um 10 %, so steigt der Index von 1 auf 1,099. Wie groß ist das Grundkapital der Aktiengesellschaft Nr. 1?

Aufgabe 1.20

Die Preisindexberechnung beruhe auf einem Warenkorb, der lediglich 7 Güter bzw. Dienstleistungen umfasse. Folgende Preise $p_0(i)$, $p_t(i)$ bzw. Mengen $q_0(i)$, $q_t(i)$ wurden registriert:

Gut bzw. Dienstleistung i	1	2	3	4	5	6	7
Preis $p_0(i)$	5	2	1	6	1	1	3
Menge $q_0(i)$	100	120	100	80	100	300	100
Preis $p_t(i)$	6	3	1	7	2	1	2
Menge $q_t(i)$	100	130	112	75	110	280	90

a) Berechnen Sie den Preisindex von Laspeyres P_{0t}^{L} sowie den Preisindex von Paasche P_{0t}^{P}.
b) Fassen Sie die Güter 1, 2, 3 zu einer Gütergruppe 1 und die restlichen Güter zu einer Gütergruppe 2 zusammen. Der Index P_{0t}^{L} ist dann als gewichtete Summe der beiden Laspeyres-Subindizes darstellbar. Bestimmen Sie beide Subindizes, die Gewichte der einzelnen Güter in den Subindizes sowie die Gewichte, mit denen sich die Subindizes zum Gesamtindex zusammensetzen.

Aufgabe 1.21

Berechnen Sie unter Verwendung der Preis- und Mengendaten aus Aufgabe 1.20

a) den Fischerschen Idealindex,
b) den Marshall-Edgeworth-Index.

Aufgabe 1.22

Bezeichnet $q_t(i)$ die von einem bestimmten Land in der Periode t exportierte Menge von Gut i, so ist

$$E_t^\ell = \sum_{i=1}^n p_t(i)q_t(i)$$

der Wert des Exports, bewertet zu „laufenden Preisen". Im Falle von Preissteigerungen ist die Zeitreihe $E_0^\ell, E_1^\ell, E_2^\ell, \ldots$ beispielsweise inflationär aufgebläht; d. h. sie wächst schneller als die Zeitreihe

$$E_t^k = \sum_{i=1}^n p_0(i)q_t(i) \quad \text{mit} \quad t = 0, 1, 2, \ldots$$

der Exporte zu „konstanten Preisen". Häufig versucht man deshalb, den Preiseffekt dadurch zu eliminieren, dass E_t^ℓ durch einen geeigneten Deflator D_t dividiert wird. Welchen Preisindex muss man als Deflator verwenden, damit die deflationierte Zeitreihe mit der Zeitreihe E_t^k übereinstimmt?

Aufgabe 1.23

Ein Mengenindex von Laspeyres beruhe auf den 6 wichtigsten Gütern eines Wirtschaftszweiges. Preise und Mengen sind folgender Tabelle zu entnehmen:

Gut i	1	2	3	4	5	6
$p_0(i)$	10	3	8	11	2	4
$q_0(i)$	1 000	800	500	1 000	100	3 000
$p_t(i)$	11	4	8	11	2	3
$q_t(i)$	1 200	800	400	2 000	150	3 200

Um wie viel Prozent hat sich die Produktion des Wirtschaftszweiges (gemessen am Laspeyres-Mengenindex) gegenüber der Basisperiode verändert?

Aufgabe 1.24

Ein Unternehmen berechnete von 2002 bis 2005 für seine Erzeugnisse einen Preisindex zur Basis 2002. Da das Gewichtungsschema im Lauf der Jahre an Aktualität verloren hatte, wurde ab 2005 ein neuer Index zur Basis 2005 berechnet. Die (prozentualen) Werte beider Indizes sind in der Tabelle

Jahr	2002	2003	2004	2005	2006	2007	2008
alter Index	100	108	111	120	–	–	–
neuer Index	–	–	–	100	105	109	118

zusammengefasst. Um die Preisentwicklung von 2002 bis 2008 in einer einheitlichen Indexreihe zusammenzufassen, soll eine Verknüpfung des alten mit dem neuen Index vorgenommen werden.

a) Welche Indexreihe ergibt sich, wenn die zweite Reihe (= neuer Index) an die erste Reihe angeschlossen wird?
b) Welche Indexreihe ergibt sich, wenn die erste Reihe an die zweite Reihe angeschlossen wird?
c) Basieren Sie die in Teil a) berechnete Reihe auf die Basisperiode 2003 um.

Aufgabe 1.25

Gleitende Durchschnitte werden unter anderem für Saisonbereinigungsverfahren benötigt. Berechnet man die gleitenden Durchschnitte durch direkte Anwendung der Definitionsgleichung, so werden relativ viele Additionen mehrfach durchgeführt. Rationeller ist es, sogenannte Aufdatierungs-Formeln zu verwenden, die den Wert x^*_{t+1} des gleitenden Durchschnitts für die Periode $t + 1$ dadurch berechnen, dass zum Wert x^*_t der Periode t ein geeigneter Korrektursummand addiert wird. Für eine ungerade Ordnung $2k + 1$ lautet die Aufdatierungs-Formel

$$x^*_{t+1} = x^*_t + \frac{1}{2k + 1} \cdot (x_{t+k+1} - x_{t-k}) \,,$$

wie man sich direkt klarmachen kann, da der Zeitreihenwert x_{t-k} nicht mehr in die Berechnung von x^*_{t+1} eingeht und der Zeitreihenwert x_{t+k+1} neu berücksichtigt werden muss.

Wie lautet die Aufdatierungs-Formel für eine gerade Ordnung $2k$?

Aufgabe 1.26

Für die Mineralölimporte eines Industrielandes liege die folgende Zeitreihe y_t von Halbjahresdaten vor:

Jahr	2004		2005		2006		2007		2008	
Halbjahr	1.	2.	1.	2.	1.	2.	1.	2.	1.	2.
y_t (in Mio. Tonnen)	50	40	56	46	58	48	54	48	60	52

Es werde das additive Zeitreihenmodell mit konstanter Saisonfigur unterstellt. Bilden Sie geeignete gleitende Durchschnitte und berechnen Sie die Saisonveränderungszahlen sowie die saisonbereinigte Zeitreihe.

Aufgabe 1.27

Der stündliche Stromverbrauch (in MWh) einer Region werde als eine Zeitreihe mit konstanter Saisonfigur (und Saisonlänge 24) aufgefasst. In folgender Tabelle wurden die um die glatte Komponente bereinigten Werte eingetragen, die aus den verfügbaren Zeitreihendaten berechnet werden konnten:

Stunde j	1	2	3	4	5	6
bereinigte Werte	-3 -5 -4	-2 -3 -1	-1 1 0	-1 0 -2	0 0 0	1 2 0
$\tilde{S}_j$						
$\hat{S}_j$						

Stunde j	7	8	9	10	11	12
bereinigte Werte	3 1 2	3 2 1	2 2 2	1 1 1	0 -1 -2	2 2 2
$\tilde{S}_j$						
$\hat{S}_j$						

Stunde j	13	14	15	16	17	18
bereinigte Werte	1 3 $-$	0 0 $-$	0 2 $-$	-1 -1 $-$	1 1 $-$	2 2 $-$
$\tilde{S}_j$						
$\hat{S}_j$						

Stunde j	19	20	21	22	23	24
bereinigte Werte	1 1 $-$	1 -1 $-$	-1 -1 $-$	0 0 $-$	0 0 $-$	-1 -1 $-$
$\tilde{S}_j$						
$\hat{S}_j$						

Tragen Sie in die freigelassenen Felder die nichtnormierten ($\tilde{S}_j$) sowie die normierten ($\hat{S}_j$) stundentypischen Abweichungen ein.

Aufgabe 1.28

Eine Zeitreihe monatlicher Absatzdaten liege (für die 60 Monate) von Januar 2004 bis Dezember 2008 vor. Die Analyse zeige, dass die glatte Komponente folgende quadratische Funktion der Zeit ist: $G_t = 100 + 8t + 0{,}1t^2$, wobei $t = 1$ Januar 2004 und $t = 60$ Dezember 2008 entspricht. Als (konstante) Saisonfigur wurde ermittelt:

Jan	Febr	März	Apr	Mai	Juni	Juli	Aug	Sept	Okt	Nov	Dez
-40	-50	-30	-30	0	10	50	80	50	10	-20	-30

Die Werte der irregulären Komponente waren betragsmäßig stets kleiner als 20. Für 2009 wird nicht mit einem Strukturbruch gerechnet. In welchem Intervall liegt dann

a) der Absatz für Januar 2009,
b) der Absatz für das erste Quartal 2009?

Aufgabe 1.29

Für einen typischen Winterartikel besitze die Zeitreihe der monatlichen Nachfrage eine Saisonkomponente, die als sinusförmig mit der Saisonlänge 12 (Monate) angenommen werden kann. Die Saisonfigur sei konstant, sodass man von folgender Formel

$$S_t = a \sin\left(\frac{2\pi}{b} \cdot t + c\right) \quad \text{mit} \quad t = 1, 2, \ldots$$

ausgehen kann. Die monatstypische Abweichung besitzt im Monat Januar (d. h. für $t = 1, 13, 25, \ldots$) eine eindeutige Maximalstelle; der Maximalwert beträgt 450 000 Stück. Berechnen Sie die drei Parameter a, b, c.

Aufgabe 1.30

Bezüglich eines Importgutes liegt eine Zeitreihe y_t vor, wobei y_t den monatlichen Import (in 1 000 Tonnen) bezeichne. Die Monatsdaten y_t setzen sich additiv aus einer glatten Komponente G_t und einer Saisonkomponente S_t zusammen. Die glatte Komponente G_t wachse in jedem Monat um 2 Einheiten, d. h. um 2 000 Tonnen. Die Saisonkomponente sei in folgender Form darstellbar:

$$S_t = a \sin\left(\frac{2\pi}{12} \cdot t\right)$$

a) Man prüfe, ob die Saisonfigur konstant ist, die Saisonlänge ein Jahr beträgt und die monatstypischen Abweichungen sich über das Jahr zu null summieren.
b) Man berechne mit $y_1 = 15$ und $y_2 = 18{,}8$ die Importe im Monat $t = 8$.

Lösungen zur deskriptiven Statistik

Lösung zu Aufgabe 1.1

Einem Winkel von 68 Grad entspricht ein Anteil von $\frac{68}{360}$, sodass

$$\frac{68 \cdot 350}{360} = 66{,}11$$

Milliarden Kilowattstunden Strom mittels Steinkohle erzeugt wurden.

Lösung zu Aufgabe 1.2

Eine Prozentzahl p entspricht einem Winkel von

$$\frac{p}{100} \cdot 360 \,,$$

sodass sich für obige vier Kategorien die Winkel

$$\frac{50}{100} \cdot 360 = 180 \,, \quad \frac{25}{100} \cdot 360 = 90 \,,$$

$$\frac{10}{100} \cdot 360 = 36 \,, \quad \frac{15}{100} \cdot 360 = 54$$

ergeben. Die grafische Darstellung ist das nachfolgende Kreissektorendiagramm:

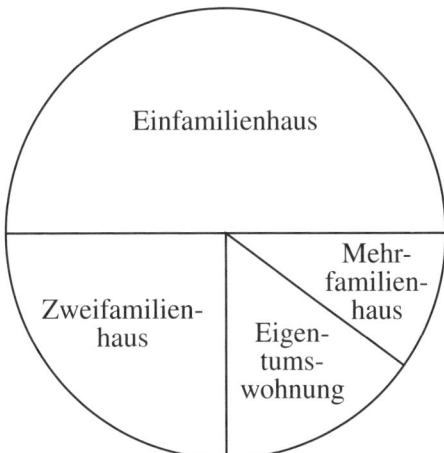

Lösung zu Aufgabe 1.3

a)

Klasse	[0;20)	[20;30)	[30;40)	[40;50)	[50;70)
Klassenhäufigkeit	5	10	11	12	12

Verfügen wir so über den Proportionalitätsfaktor, dass die Höhe des ersten Rechtecks 1 ist, so muss der Proportionalitätsfaktor gleich 4 sein, da

$$\text{Klassenbreite} \cdot \text{Höhe} = 20 \cdot 1 = \text{Proportionalitätsfaktor} \cdot 5 \,.$$

Damit sind die Höhen der restlichen Rechtecke so wie im nachfolgenden Histogramm festgelegt.

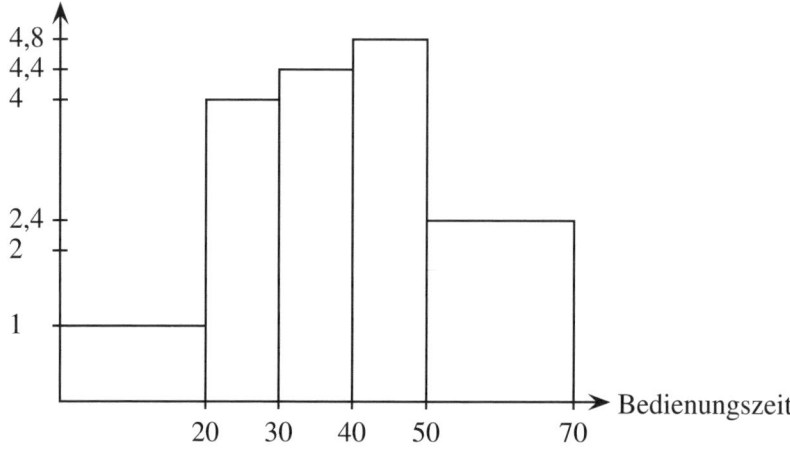

b) Die geordnete Urliste ist:

$$
\begin{array}{cccccccccc}
15 & 18 & 18 & 19 & 19 & 20 & 22 & 22 & 22 & 22 \\
23 & 24 & 27 & 28 & 29 & 31 & 32 & 33 & 36 & 37 \\
37 & 38 & 38 & 39 & 39 & 39 & 40 & 40 & 40 & 41 \\
41 & 42 & 42 & 43 & 44 & 48 & 49 & 49 & 50 & 51 \\
51 & 51 & 52 & 53 & 54 & 57 & 58 & 62 & 64 & 68 \\
\end{array}
$$

Der Modalwert ist 22. Der Median ist – da 50 eine gerade Zahl ist – durch

$$x_{\text{Med}} = \tfrac{1}{2} \cdot (39 + 39) = 39$$

gegeben. Das arithmetische Mittel ist schließlich

$$\bar{x} = \tfrac{1917}{50} = 38{,}34 \,.$$

Lösung zu Aufgabe 1.4

Die Häufigkeiten addieren sich zu $n = 150$.

a) Die gesuchten Werte von F lassen sich folgendermaßen ermitteln:

$$F(7) = \tfrac{1}{150} \cdot (10 + 15 + 30 + 30 + 25) = \tfrac{110}{150} = 0{,}73 \; ;$$
$$F(8) = \tfrac{110+20}{150} = \tfrac{130}{150} = 0{,}87 \; .$$

b) $1 - F(x)$ ist die relative Häufigkeit der Fälle, in denen mehr als x Paletten die Station innerhalb einer Zeiteinheit verlassen. $100[1 - F(x)]$ ist die gesuchte Darstellung. Für $x = 7$ ergibt sich speziell

$$100[1 - F(7)] = 100 \left(1 - \frac{110}{150} \right) = 26{,}67\,\% \; .$$

Lösung zu Aufgabe 1.5

Bezeichnet man wie in der Lösung von Aufgabe 3.10 aus Bamberg et al. (2017) die Startposition für den Kantinenmarsch mit $x_1, \ldots, x_{1\,000}$ sowie den Standort mit λ, so kann man die Lösung jeweils auf die bekannten Optimalitätseigenschaften der Lageparameter zurückführen.

a) Die Wegstrecke des i-ten Beschäftigten beträgt für Hin- und Rückweg $2|x_i - \lambda|$, sodass er $\frac{2}{1,3} \cdot |x_i - \lambda|$ Sekunden benötigt. Der Standort ist durch die Minimierung von

$$\sum_{i=1}^{1\,000} \frac{2}{1,3} \cdot |x_i - \lambda|$$

bzgl. λ definiert. Da der konstante Term $\frac{2}{1,3}$ für die Minimalstelle irrelevant ist, ergibt sich wiederum der Median ($\lambda = 600$) als optimaler Standort.

b) Nun ist der Standort λ durch die Minimierung von

$$\sum_{i=1}^{1\,000} (x_i - \lambda)^2$$

definiert. (Je nach Interpretation der Wegstrecke als Summe von Hin- und Rückweg oder als separat gezähltem Hinweg oder Rückweg bekommt man vor das Summenzeichen noch einen irrelevanten Faktor 4 bzw. 1.) Der optimale Standort ist

$$\lambda = \bar{x} = \tfrac{1}{1\,000} \cdot (3 \cdot 0 + 200 \cdot 100 + 300 \cdot 600 + 497 \cdot 900) = 647{,}30 \; .$$

c) Der Standort ist jetzt durch die Minimierung der Gesamtrüstzeit

$$30 \sum_{i=1}^{1\,000} s(x_i, \lambda)$$

mit

$$s(x_i, \lambda) = \begin{cases} 0, & \text{falls } x_i = \lambda \text{ (d. h. } w = 0) \\ 1, & \text{falls } x_i \neq \lambda \text{ (d. h. } w > 0) \end{cases}$$

definiert und mit dem Modalwert $x_{\text{Mod}} = 900$ identisch.

Lösung zu Aufgabe 1.6

a) Die gesuchte Prozentzahl ergibt sich als

$$100L(0,8) = 100 \cdot 0,8^5 = 32,77 \,.$$

b) Zuerst ist die Bedingung $L(p) = 0,2$ nach p aufzulösen:

$$p^5 = 0,2 \Rightarrow p = \sqrt[5]{0,2} = 0,7248 \,,$$

d. h. auf 72,48 % der geringerwertigen Positionen entfallen 20 % des gesamten Lagerwertes. Infolgedessen entfallen auf 27,52 % der höherwertigen Positionen 80 % des gesamten Lagerwertes.

Lösung zu Aufgabe 1.7

a)

AG	CR_1	CR_2	CR_3	CR_4
1	0,40	0,60	0,72	0,73
2	0,20	0,30	0,40	0,50
3	0,51	0,60	0,68	0,75

b) Gemessen an CR_3 ist die Konzentration bei AG 1 am größten, gemessen an CR_4 ist die Konzentration bei AG 3 am größten.

c) Wir haben $n = 10\,000$ Merkmalsträger mit den relativen Merkmalswerten

$$p_1 = \cdots = p_{9\,996} = \tfrac{1}{2 \cdot 9\,996} \,,$$
$$p_{9\,997} = p_{9\,998} = p_{9\,999} = \tfrac{1}{10} \quad \text{und} \quad p_{10\,000} = \tfrac{1}{5} \,.$$

Einsetzung in die Formel (19),

$$G = \frac{2 \sum_{i=1}^{10\,000} i\,p_i - (n+1)}{n} \, ,$$

liefert

$$\frac{\frac{2}{2\cdot9\,996} \sum_{i=1}^{9\,996} i + \frac{2}{10} \cdot (9\,997 + 9\,998 + 9\,999) + \frac{2}{5} \cdot 10\,000 - 10\,001}{10\,000} =$$

$$\frac{\frac{1}{2} \cdot 9\,997 + \frac{2}{10} \cdot 29\,994 + 4\,000 - 10\,001}{10\,000} = 0{,}50$$

für den unnormierten Gini-Koeffizienten und (im Rahmen der Rundung) denselben Wert für den normierten Gini-Koeffizienten.

Lösung zu Aufgabe 1.8

a) Die Summe der Beitragssummen beträgt $1\,200 \cdot 10^7$ Euro, sodass sich folgende (aufsteigend geordnete) relative Merkmalswerte ergeben:

$$p_1 = \cdots = p_7 = \frac{5}{120} \, , \quad p_8 = \frac{15}{120} \, , \quad p_9 = \frac{20}{120} \, , \quad p_{10} = \frac{50}{120} \, .$$

Die Lorenzkurve ist der Polygonzug, der die Punkte

$$(0;0) \, , \quad \left(70; \tfrac{350}{12}\right) , \quad \left(80; \tfrac{500}{12}\right) , \quad \left(90; \tfrac{700}{12}\right) \quad \text{und} \quad (100;100)$$

verbindet:

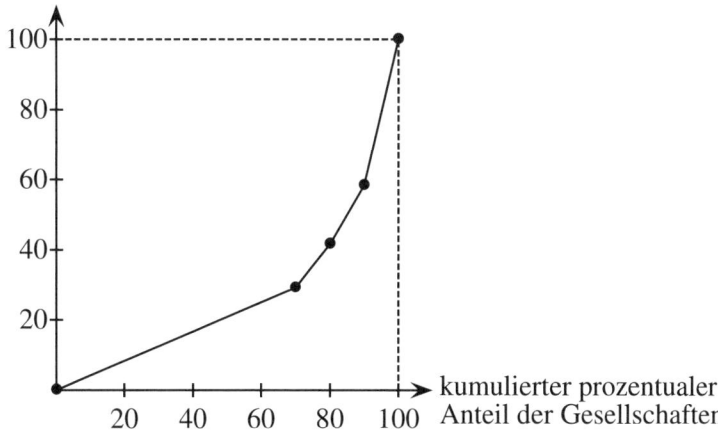

b) Nach (19) erhalten wir:

$$G = \tfrac{2}{10\cdot 120} \cdot [5 \cdot (1 + \cdots + 7) + 8 \cdot 15 + 9 \cdot 20 + 10 \cdot 50] - \tfrac{11}{10} = 0{,}47 \ .$$

c)

$$H = 7\left(\tfrac{5}{120}\right)^2 + \left(\tfrac{15}{120}\right)^2 + \left(\tfrac{20}{120}\right)^2 + \left(\tfrac{50}{120}\right)^2 = 0{,}23 \ .$$

d)

$$E = \left(\tfrac{5}{120}\right)^{\tfrac{7\cdot 5}{120}} \cdot \left(\tfrac{15}{120}\right)^{\tfrac{15}{120}} \cdot \left(\tfrac{20}{120}\right)^{\tfrac{20}{120}} \cdot \left(\tfrac{50}{120}\right)^{\tfrac{50}{120}} = 0{,}16 \ .$$

Lösung zu Aufgabe 1.9

a) Die angegebene Randhäufigkeit $h_{\bullet 2} = 60$ ist die Summe der zweiten Spalte der Kontingenztabelle. Daraus folgt

$$h_{22} = 60 - 10 - 25 = 25 \ .$$

Die noch fehlende Häufigkeit h_{14} muss sich mit den restlichen Häufigkeiten zu $n = 200$ addieren; hieraus ergibt sich $h_{14} = 0$. Die Randhäufigkeiten sind

$$h_{1\bullet} = 50 \ , \quad h_{2\bullet} = 80 \ , \quad h_{3\bullet} = 60 \ , \quad h_{4\bullet} = 10 \ ;$$
$$h_{\bullet 1} = 90 \ , \quad h_{\bullet 2} = 60 \ , \quad h_{\bullet 3} = 30 \ , \quad h_{\bullet 4} = 20 \ .$$

b) Im Fall der Unabhängigkeit müsste gelten

$$h_{ij} = \frac{h_{i\bullet}h_{\bullet j}}{n} \ .$$

Prüfen wir dies beispielsweise für $i = j = 1$ nach, so ergibt sich

$$h_{11} = 40 \neq \frac{h_{1\bullet}h_{\bullet 1}}{n} = \frac{50 \cdot 90}{200} = 22{,}5 \ .$$

Es liegt demnach keine Unabhängigkeit vor. Man könnte zur Untersuchung dieser Frage auch die Übereinstimmung bzw. Nicht-Übereinstimmung von bedingten Verteilungen überprüfen. Die bedingte Verteilung auf die verschiedenen Berufsstände ist für Arbeitersöhne durch

$$\left(\tfrac{4}{9}, \tfrac{4}{9}, \tfrac{1}{9}, 0\right)$$

gegeben und für Beamtensöhne durch die davon stark abweichende Verteilung

$$\left(0, \tfrac{1}{6}, \tfrac{5}{6}, 0\right) \ .$$

Lösung zu Aufgabe 1.10

a) Aus den gegebenen Randhäufigkeiten sind die gemeinsamen Häufigkeiten wegen der Unabhängigkeit gemäß

$$h_{ij} = \frac{h_{i\bullet} h_{\bullet j}}{n}$$

zu berechnen. Dies führt zur Kontingenztabelle

Testergebnis Haarfarbe	gut	mittel	schlecht	$h_{i\bullet}$
blond	120	180	100	400
braun	300	450	250	1 000
schwarz	180	270	150	600
$h_{\bullet j}$	600	900	500	2 000

b) Der Kontingenzkoeffizient ist gleich null, da die Chi-Quadrat-Größe nach Konstruktion der h_{ij} verschwindet.

Lösung zu Aufgabe 1.11

a) Identifizieren wir den FAZ-Index mit dem Merkmal X, so gilt

$$\bar{x} = \frac{2\,968}{8} = 371 \quad \text{und} \quad \bar{y} = \frac{61{,}6}{8} = 7{,}7 \,.$$

Die Berechnung des Bravais-Pearson-Korrelationskoeffizienten erfolgt in folgender Arbeitstabelle:

i	$x_i - \bar{x}$	$(x_i - \bar{x})^2$	$y_i - \bar{y}$	$(y_i - \bar{y})^2$	$(x_i - \bar{x})(y_i - \bar{y})$
1	-150	22 500	2,0	4,0	-300
2	-120	14 400	0,2	0,04	-24
3	-25	625	0,9	0,81	$-22{,}5$
4	5	25	$-0{,}5$	0,25	$-2{,}5$
5	30	900	$-0{,}4$	0,16	-12
6	50	2 500	$-0{,}6$	0,36	-30
7	100	10 000	$-0{,}7$	0,49	-70
8	110	12 100	$-0{,}9$	0,81	-99
$\sum$	0	63 050	0	6,92	-560

Es ergibt sich

$$r = -\frac{560}{\sqrt{63\,050 \cdot 6{,}92}} = -0{,}85 \,.$$

b) Die Rangziffern R_i, R_i' sowie ihre quadrierten Differenzen sind:

Zeitpunkt i	1	2	3	4	5	6	7	8
R_i	8	7	6	5	4	3	2	1
R_i'	1	3	2	5	4	6	7	8
$(R_i - R_i')^2$	49	16	16	0	0	9	25	49

Damit erhält man

$$r_{\text{SP}} = 1 - \frac{6 \cdot 164}{7 \cdot 8 \cdot 9} = -0{,}95 \,.$$

Lösung zu Aufgabe 1.12

Es ist $\bar{x} = \frac{80}{8} = 10$, sodass man folgende Differenzen erhält:

t	1	2	3	4	5	6	7	8	$\sum$
$x_t - \bar{x}$	0	2	-2	2	-2	0	-3	3	0
$(x_t - \bar{x})^2$	0	4	4	4	4	0	9	9	34

Daraus entnimmt man

$$r_0 = 1 \quad \text{(was stets gilt)} \,,$$

$$r_1 = \tfrac{1}{34} \cdot (0 - 4 - 4 - 4 + 0 + 0 - 9) = -\tfrac{21}{34} = -0{,}62 \,;$$

$$r_2 = \tfrac{1}{34} \cdot (0 + 4 + 4 + 0 + 6 + 0) = \tfrac{14}{34} = 0{,}41 \,;$$

$$r_3 = \tfrac{1}{34} \cdot (0 - 4 + 0 - 6 - 6) = -\tfrac{16}{34} = -0{,}47 \,;$$

$$r_4 = \tfrac{1}{34} \cdot (0 + 0 + 6 + 6) = \tfrac{12}{34} = 0{,}35 \,;$$

$$r_5 = \tfrac{1}{34} \cdot (0 - 6 - 6) = -\tfrac{12}{34} = -0{,}35 \,;$$

$$r_6 = \tfrac{1}{34} \cdot (0 + 6) = \tfrac{6}{34} = 0{,}18 \,;$$

$$r_7 = \tfrac{0}{34} = 0 \,.$$

Das Korrelogramm entspricht dem Stabdiagramm:

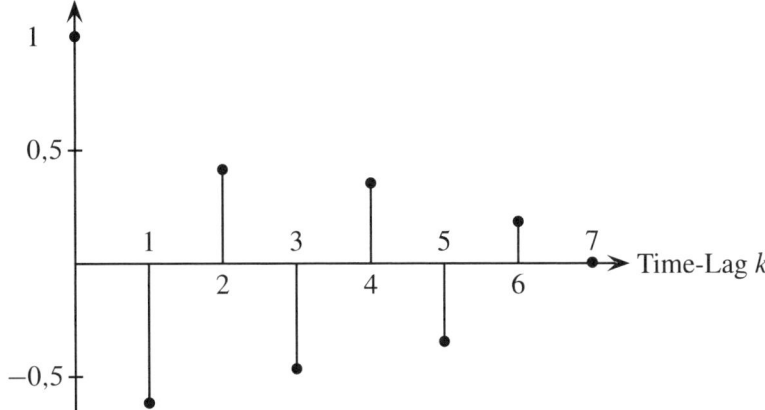

Bemerkung: In der Zeitreihenanalyse begnügt man sich meist nicht damit, die zeitlichen Abhängigkeiten der Reihe durch das Korrelogramm zu visualisieren. Es gibt zahlreiche rechnerische Prozeduren zur weiteren Auswertung des Korrelogramms. Exemplarisch sei auf das Lehrbuch Schlittgen (2015) hingewiesen.

Lösung zu Aufgabe 1.13

Die Lösung ergibt sich aus folgender Arbeitstabelle:

i	x_i	$x_i - \bar{x}$	$(x_i - \bar{x})^2$	y_i	$y_i - \bar{y}$	$(x_i - \bar{x})(y_i - \bar{y})$
1	9	−3	9	1 216	−72	216
2	12	0	0	1 300	12	0
3	14	2	4	1 356	68	136
4	12	0	0	1 288	0	0
5	12	0	0	1 276	−12	0
6	13	1	1	1 292	4	4
7	10	−2	4	1 260	−28	56
8	11	−1	1	1 244	−44	44
9	12	0	0	1 288	0	0
10	15	3	9	1 360	72	216
$\sum$	120	0	28	12 880	0	672

Es sind demnach $\bar{x} = 12$, $\bar{y} = 1\,288$, $\hat{b} = \frac{672}{28} = 24$ und $\hat{a} = 1\,288 - 24 \cdot 12 = 1\,000$. Die variablen Kosten betragen 24 und die fixen Kosten 1 000.

Lösung zu Aufgabe 1.14

a) Wegen $\hat{b} = r \cdot \frac{s_y}{s_x}$ erhält man

$$\hat{b} = 0{,}6 \cdot \frac{1}{1\,000} = 0{,}0006$$

als Anstieg der Regressionsgeraden und

$$\hat{a} = \bar{y} - \hat{b}\bar{x} = 6{,}5 - 0{,}0006 \cdot 800 = 6{,}02$$

als absolutes Glied. Die Regressionsgerade ist demnach

$$y = 6{,}02 + 0{,}0006x \ .$$

b) Für $x = 8\,000$ errechnet man als „durch die Regression erklärten Wert":

$$\hat{y} = 6{,}02 + 0{,}0006 \cdot 8\,000 = 10{,}82\,\% \ .$$

Lösung zu Aufgabe 1.15

Die Koinzidenz der ersten 79 Beobachtungspaare mit der Regressionsgeraden bedeutet für die Residuen: $\hat{u}_1 = \hat{u}_2 = \cdots = \hat{u}_{79} = 0$. Ferner ist nach Prämisse $\hat{u}_{80} \neq 0$, woraus

$$\sum_{i=1}^{80} \hat{u}_i = 0 + \cdots + 0 + \hat{u}_{80} = \hat{u}_{80} \neq 0$$

folgt. Andererseits muss die Summe aller Residuen nach (37) null ergeben wegen

$$\sum_{i=1}^{n} \hat{u}_i = \sum_{i=1}^{n}(y_i - \hat{a} - \hat{b}x_i) = \sum_{i=1}^{n} y_i - n\hat{a} - \hat{b}\sum_{i=1}^{n} x_i = n(\bar{y} - \hat{a} - \hat{b}\bar{x}) = 0 \ .$$

Folglich muss ein Rechenfehler vorliegen.

Lösung zu Aufgabe 1.16

Da jede Regressionsgerade durch $(\bar{x}, \bar{y})$ verläuft, muss

$$2{,}6 \cdot 10^9 = 6 \cdot 10^8 + 50\bar{x}$$

gelten, woraus sich für die mittleren F&E-Aufwendungen der Betrag von

$$\bar{x} = 40\,000\,000 \text{ Euro}$$

berechnet.

Lösung zu Aufgabe 1.17

a) Falsch.

b) Richtig, wie man aus der Beziehung

$$\hat{b} = r \cdot \frac{s_y}{s_x}$$

direkt ersehen kann.

c) Falsch.

d) Falsch.

e) Falsch. Beispielsweise verläuft die Regressionsgerade im Falle von $n = 2$ Beobachtungspaaren durch beide Beobachtungspaare. Infolgedessen gilt $R^2 = 1$. Bei Hinzunahme weiterer Beobachtungspaare sinkt R^2 im Allgemeinen auf einen Wert kleiner als 1 ab.

f) Richtig, wie man aus der Darstellung

$$R^2 = 1 - \frac{\sum\limits_{i=1}^{n} \hat{u}_i^2}{\sum\limits_{i=1}^{n} (y_i - \bar{y})^2}$$

direkt ersehen kann.

Lösung zu Aufgabe 1.18

a) Das Kleinst-Quadrate-Prinzip besagt, dass

$$Q(a) = \sum_{i=1}^{n} [y_i - (100 - ae^{-x_i})]^2$$

bzgl. a minimiert werden muss. Wegen

$$Q'(a) = 2 \sum_{i=1}^{n} [y_i - (100 - ae^{-x_i})]e^{-x_i} ,$$

$$Q''(a) = 2 \sum_{i=1}^{n} e^{-2x_i} > 0$$

erhält man durch Nullsetzen von $Q'(a)$ die gesuchte Minimalstelle.

Diese ist gegeben durch

$$\hat{a} = \frac{\sum\limits_{i=1}^{n} (100 - y_i) e^{-x_i}}{\sum\limits_{i=1}^{n} e^{-2x_i}} \, .$$

b) Die gegebenen Daten führen zu $\hat{a} = 121{,}21$.

c) In der Regressionsfunktion

$$y = 100 - 121{,}21 e^{-x}$$

ist $y = 90$ zu setzen und nach x aufzulösen. Die Auflösung liefert

$$x = -\ln\left(\frac{10}{121{,}21}\right) = 2{,}49 \, .$$

Eine 90-prozentige Akzeptanz wäre demnach nach 2,49 Jahren, d. h. nach knapp 30 Monaten, erreicht.

Lösung zu Aufgabe 1.19

Bezeichnet $K(i)$ das Grundkapital der Aktiengesellschaft Nr. i und $p_0(i)$ bzw. $p_t(i)$ den Kurs der Aktie i in der Basis- bzw. Berichtsperiode, so hat der Aktienindex I die Form

$$I_{0t} = \sum_{i=1}^{300} g(i) \cdot \frac{p_t(i)}{p_0(i)} \quad \text{mit} \quad g(i) = \frac{K(i)}{\sum\limits_{j=1}^{300} K(j)} = 10^{-11} K(i) \, .$$

Die unterstellte Reaktion bedeutet

$$1{,}099 = g(1) + 1{,}1[1 - g(1)] \, ,$$

woraus sich

$$g(1) = \frac{1{,}1 - 1{,}099}{1{,}1 - 1{,}0} = 0{,}01$$

und ein Grundkapital von

$$K(1) = 10^{11} g(1) = 10^{9} \text{ Euro}$$

ergibt.

Lösung zu Aufgabe 1.20

a) Gemäß Aggregatform erhält man:

$$P_{0t}^L = \frac{6 \cdot 100 + 3 \cdot 120 + \cdots + 1 \cdot 300 + 2 \cdot 100}{5 \cdot 100 + 2 \cdot 120 + \cdots + 1 \cdot 300 + 3 \cdot 100} = \frac{2\,320}{2\,020} = 1{,}15\,;$$

$$P_{0t}^P = \frac{6 \cdot 100 + 3 \cdot 130 + \cdots + 1 \cdot 280 + 2 \cdot 90}{5 \cdot 100 + 2 \cdot 130 + \cdots + 1 \cdot 280 + 3 \cdot 90} = \frac{2\,307}{1\,982} = 1{,}16\,.$$

b) Es gilt

$$P_{0t}^L = \sum_{i=1}^{7} g_0(i) \cdot \frac{p_t(i)}{p_0(i)}$$

$$= G_1 \sum_{i=1}^{3} \frac{g_0(i)}{G_1} \cdot \frac{p_t(i)}{p_0(i)} + G_2 \sum_{i=4}^{7} \frac{g_0(i)}{G_2} \cdot \frac{p_t(i)}{p_0(i)}\,,$$

wobei $G_1 = g_0(1) + \cdots + g_0(3)$ und $G_2 = g_0(4) + \cdots + g_0(7)$ bedeuten. Hieraus kann man Folgendes ablesen (vgl. (41)): Der zur Gütergruppe 1 gehörende Subindex ist

$$\sum_{i=1}^{3} \tilde{g}_0(i) \cdot \frac{p_t(i)}{p_0(i)} \quad \text{mit} \quad \tilde{g}_0(i) = \frac{g_0(i)}{G_1}\,.$$

Entsprechend ist

$$\sum_{i=4}^{7} \tilde{\tilde{g}}_0(i) \cdot \frac{p_t(i)}{p_0(i)}$$

mit

$$\tilde{\tilde{g}}_0(i) = \frac{g_0(i)}{G_2}$$

der zur Gütergruppe 2 gehörende Subindex. Der Gesamtindex setzt sich aus diesen Subindizes unter Verwendung der Gewichte

$$G_1 = \sum_{i=1}^{3} g_0(i) \quad \text{und} \quad G_2 = \sum_{i=4}^{7} g_0(i)$$

zusammen.

Für die numerischen Daten ergibt sich speziell

$$\tilde{g}_0(1) = \frac{500}{840}, \quad \tilde{g}_0(2) = \frac{240}{840}, \quad \tilde{g}_0(3) = \frac{100}{840},$$

$$\tilde{g}_0(4) = \frac{480}{1\,180}, \quad \tilde{g}_0(5) = \frac{100}{1\,180}, \quad \tilde{g}_0(6) = \frac{300}{1\,180}, \quad \tilde{g}_0(7) = \frac{300}{1\,180}.$$

Der erste Subindex ist

$$\frac{500}{840} \cdot \frac{6}{5} + \frac{240}{840} \cdot \frac{3}{2} + \frac{100}{840} \cdot \frac{1}{1} = 1,26;$$

der zweite Subindex ist

$$\frac{480}{1\,180} \cdot \frac{7}{6} + \frac{100}{1\,180} \cdot \frac{2}{1} + \frac{300}{1\,180} \cdot \frac{1}{1} + \frac{300}{1\,180} \cdot \frac{2}{3} = 1,07.$$

Die Subindex-Gewichtung beträgt $G_1 = \frac{840}{2\,020}$ für den ersten und $G_2 = \frac{1\,180}{2\,020}$ für den zweiten Subindex.

Lösung zu Aufgabe 1.21

a) Definitionsgemäß ist der Fischersche Idealindex das geometrische Mittel aus dem Laspeyres- und dem Paasche-Index. Letztere wurden in Aufgabe 1.20 bereits berechnet, sodass sich (unter Verwendung der noch nicht gerundeten Zahlen) ergibt:

$$P_{0t}^{F} = \sqrt{P_{0t}^{L} \cdot P_{0t}^{P}} = \sqrt{\frac{2\,320}{2\,020} \cdot \frac{2\,307}{1\,982}} = 1,15622.$$

b) Das Einsetzen in die Aggregatform

$$P_{0t}^{ME} = \frac{\sum\limits_{i=1}^{7} p_t(i)[q_0(i) + q_t(i)]}{\sum\limits_{i=1}^{7} p_0(i)[q_0(i) + q_t(i)]}$$

liefert den Marshall-Edgeworth-Indexwert

$$P_{0t}^{ME} = \frac{6 \cdot 200 + 3 \cdot 250 + \cdots + 2 \cdot 190}{5 \cdot 200 + 2 \cdot 250 + \cdots + 3 \cdot 190} = \frac{4\,627}{4\,002} = 1,15617.$$

Lösung zu Aufgabe 1.22

Löst man die geforderte Gleichheit $E_t^\ell / D_t = E_t^k$ nach D_t auf, so erhält man

$$
D_t = \frac{E_t^\ell}{E_t^k} = \frac{\sum\limits_{i=1}^{n} p_t(i) q_t(i)}{\sum\limits_{i=1}^{n} p_0(i) q_t(i)} \; .
$$

Hieraus ersieht man, dass der Deflator mit dem Paasche-Index identisch sein muss, wobei der zu verwendende Warenkorb allerdings keine Verbrauchsgewohnheiten, sondern die jeweils exportierten Mengen widerspiegeln muss.

Lösung zu Aufgabe 1.23

Der Mengenindex von Laspeyres ist

$$
Q_{0t}^{\mathrm{L}} = \frac{\sum\limits_{i=1}^{6} p_0(i) q_t(i)}{\sum\limits_{i=1}^{6} p_0(i) q_0(i)} \; .
$$

Die gegebenen Daten (die vorletzte Tabellenzeile ist natürlich irrelevant) führen zum numerischen Wert

$$
Q_{0t}^{\mathrm{L}} = \frac{10 \cdot 1\,200 + 3 \cdot 800 + 8 \cdot 400 + 11 \cdot 2\,000 + 2 \cdot 150 + 4 \cdot 3\,200}{10 \cdot 1\,000 + 3 \cdot 800 + 8 \cdot 500 + 11 \cdot 1\,000 + 2 \cdot 100 + 4 \cdot 3\,000}
$$

$$
= \frac{52\,700}{39\,600} = 1{,}3308 \; .
$$

Die Produktion wurde demnach um 33,08 % ausgeweitet.

Lösung zu Aufgabe 1.24

a) Alle Zahlen der zweiten Reihe müssen mit dem Faktor $\frac{120}{100} = 1{,}2$ multipliziert werden. Die resultierende einheitliche Reihe ist demnach

$$
100 \quad 108 \quad 111 \quad 120 \quad 126 \quad 130{,}8 \quad 141{,}6 \; .
$$

b) Alle Zahlen der ersten Reihe müssen mit $\frac{100}{120}$ multipliziert werden, was zum Ergebnis

$$
83{,}3 \quad 90 \quad 92{,}5 \quad 100 \quad 105 \quad 109 \quad 118
$$

führt.

c) Alle Reihenglieder sind durch den Faktor 1,08 zu dividieren, sodass die Reihe

$$92{,}6 \quad 100 \quad 102{,}8 \quad 111{,}1 \quad 116{,}7 \quad 121{,}1 \quad 131{,}1$$

resultiert, die für das gewünschte neue Basisjahr (2003) den Wert 100 liefert.

Lösung zu Aufgabe 1.25

Die Aufdatierungs-Formel für eine gerade Ordnung $2k$ lautet

$$x^*_{t+1} = x^*_t + \frac{1}{2 \cdot 2k} \cdot (x_{t+k+1} - x_{t-k} + x_{t+k} - x_{t-k+1}) \,.$$

Die beiden ersten Terme in der runden Klammer entsprechen den neu hinzutretenden bzw. den wegfallenden Zeitreihenwerten (jeweils mit halbem Gewicht). Die beiden letzten Terme rühren davon her, dass der frühere Randwert x_{t+k} sein Gewicht verdoppelt (da er bzgl. der Periode $t + 1$ kein Randwert mehr ist) und dass der Zeitreihenwert x_{t-k+1} Randwert wird und dadurch die Hälfte seines Gewichts verliert.

Lösung zu Aufgabe 1.26

Es sind gleitende Durchschnitte der Ordnung 2 zu bilden. Alle Ergebnisse und Zwischenergebnisse sind in folgenden Tabellen zu finden.

Jahr	2004		2005		2006		2007		2008	
Halbjahr	1.	2.	1.	2.	1.	2.	1.	2.	1.	2.
y^*_t	—	$\frac{93}{2}$	$\frac{99}{2}$	$\frac{103}{2}$	$\frac{105}{2}$	$\frac{104}{2}$	$\frac{102}{2}$	$\frac{105}{2}$	$\frac{110}{2}$	—
saisonber. Zeitreihe	44,9	45,1	50,9	51,1	52,9	53,1	48,9	53,1	54,9	57,1

	um die glatte Komponente bereinigte Werte				$\tilde{S}_j$	$\hat{S}_j$
1. Halbjahr	—	$\frac{13}{2}$	$\frac{11}{2}$	$\frac{6}{2}$	$\frac{10}{2}$	5	$\frac{81}{16} = 5{,}1$
2. Halbjahr	$-\frac{13}{2}$	$-\frac{11}{2}$	$-\frac{8}{2}$	$-\frac{9}{2}$	—	$-\frac{41}{8}$	$-\frac{81}{16} = -5{,}1$

Das Korrekturglied beträgt $\frac{1}{2} \cdot (5 - \frac{41}{8}) = -\frac{1}{16}$.

Lösung zu Aufgabe 1.27

Stunde j	1	2	3	4	5	6
$\widetilde{S}_j$	-4	-2	0	-1	0	1
$\widehat{S}_j$	$-4{,}25$	$-2{,}25$	$-0{,}25$	$-1{,}25$	$-0{,}25$	$0{,}75$

Stunde j	7	8	9	10	11	12
$\widetilde{S}_j$	2	2	2	1	-1	2
$\widehat{S}_j$	$1{,}75$	$1{,}75$	$1{,}75$	$0{,}75$	$-1{,}25$	$1{,}75$

Stunde j	13	14	15	16	17	18
$\widetilde{S}_j$	2	0	1	-1	1	2
$\widehat{S}_j$	$1{,}75$	$-0{,}25$	$0{,}75$	$-1{,}25$	$0{,}75$	$1{,}75$

Stunde j	19	20	21	22	23	24
$\widetilde{S}_j$	1	0	-1	0	0	-1
$\widehat{S}_j$	$0{,}75$	$-0{,}25$	$-1{,}25$	$-0{,}25$	$-0{,}25$	$-1{,}25$

Als Korrekturglied ergibt sich $\frac{1}{24} \sum\limits_{j=1}^{24} \widetilde{S}_j = \frac{6}{24} = 0{,}25$.

Lösung zu Aufgabe 1.28

a) Für den Januar 2009 wird prognostiziert

$$100 + 8 \cdot 61 + 0{,}1 \cdot 61^2 - 40 \pm 20 = 920{,}1 \pm 20 \,,$$

d. h. eine Absatzzahl im Intervall $(900{,}1; 940{,}1)$.

b) Analog ergibt sich durch Addition über die drei ersten Monate

$$3 \cdot 100 + 8 \cdot (61 + 62 + 63) + 0{,}1 \cdot (61^2 + 62^2 + 63^3) - (40 + 50 + 30) \pm 60 \,,$$

d. h. ein Quartalsabsatz im Intervall $(2\,761{,}4; 2\,881{,}4)$.

Lösung zu Aufgabe 1.29

Da die Sinusfunktion den Maximalwert 1 besitzt, muss $a = 450\,000$ sein. Die beiden restlichen Parameter b und c sind dagegen noch nicht eindeutig bestimmt. Wegen der 2π-Periodizität der Sinusfunktion folgt aus der Bedingung

$$S_{t+12} = a \sin\left[\tfrac{2\pi}{b} \cdot (t + 12) + c\right] \overset{!}{=} a \sin\left[\tfrac{2\pi}{b} \cdot t + c\right] = S_t$$

zunächst nur, dass $\frac{12}{b}$ eine ganze Zahl sein muss. Dieser Forderung genügen zum Beispiel die ganzen Zahlen

$$b = \pm 12\,, \quad \pm 6\,, \quad \pm 4\,, \quad \pm 3\,, \quad \pm 2 \quad \text{und} \quad \pm 1\,.$$

Jedes $b \neq \pm 12$ hat jedoch die Eigenschaft, dass die Saisonlänge kürzer als 12 (nämlich nur $|b|$) ist. So resultiert beispielsweise für $b = 6$ eine Saisonlänge 6, sodass sich für die Monate Januar ($t = 1$) und Juli ($t = 7$) gleich große monatstypische Abweichungen ergeben, was der gesetzten Prämisse natürlich widerspricht.

Wählen wir $b = 12$, so erhält man wegen der Maximalstelle im Januar einen passenden c-Wert aus der Gleichung $\frac{2\pi}{12} \cdot 1 + c = \frac{\pi}{2}$. (Denn $\sin x$ wird für $\frac{\pi}{2}$ maximal; addiert man auf der rechten Seite dieser Gleichung ein beliebiges ganzzahliges Vielfaches von 2π, so erhält man ebenfalls passende c-Werte.) Die getroffene Auswahl der b, c-Parameter liefert demnach die folgende numerisch spezifizierte Saisonkomponente

$$S_t = 450\,000 \sin\left(\frac{2\pi}{12} \cdot t + \frac{\pi}{3}\right).$$

Lösung zu Aufgabe 1.30

a) Wegen

$$S_{t+12} = a \sin\left(\frac{2\pi}{12} \cdot t + 2\pi\right) = a \sin\left(\frac{2\pi}{12} \cdot t\right) = S_t$$

liefern gleichnamige Monate dieselbe monatstypische Abweichung. Die Saisonfigur ist demnach konstant. Die Saisonlänge beträgt höchstens 12 Monate. Eine kürzere Saisonlänge ist jedoch nicht möglich, da die Sinusfunktion die Periode 2π besitzt. Wegen

$$\sin x + \sin(2\pi - x) = 0$$

gilt ferner

$$S_{12-t} = a \sin\left(2\pi - \frac{2\pi}{12} \cdot t\right) = -a \sin\left(\frac{2\pi}{12} \cdot t\right) = -S_t\,,$$

sodass (wegen $S_6 = S_{12} = 0$) die Normierung

$$\sum_{t=1}^{12} S_t = (S_1 + S_{11}) + (S_2 + S_{10}) + \cdots + (S_5 + S_7) + S_6 + S_{12} = 0$$

erfüllt ist.

b) Nach Prämisse lässt sich die glatte Komponente in der Form

$$G_t = G_0 + 2t$$

darstellen. Wegen

$$y_1 = G_0 + 2 + a \sin \tfrac{\pi}{6} \, ,$$
$$y_2 = G_0 + 4 + a \sin \tfrac{\pi}{3}$$

gilt

$$a = \frac{y_2 - y_1 - 2}{\sin \tfrac{\pi}{3} - \sin \tfrac{\pi}{6}} = 4{,}92 \, ;$$
$$G_0 = y_1 - 2 - a \sin \tfrac{\pi}{6} = 10{,}54$$

und somit

$$y_8 = G_0 + 16 + a \sin \tfrac{4\pi}{3} = 22{,}28 \, .$$

Im Monat $t = 8$ werden 22 280 Tonnen importiert.

Teil II:

Wahrscheinlichkeitsrechnung

Aufgaben zur Wahrscheinlichkeitsrechnung

Aufgabe 2.1

Auf die Frage, wie er seine Aussichten beurteilt, die Statistik-Klausur zu bestehen, antwortet ein Student:

> „Wenn keine Aufgaben zur Wahrscheinlichkeitsrechnung vorkommen, werde ich die Klausur mit Sicherheit schaffen; andernfalls hängt es von den Aufgaben zur deskriptiven Statistik ab: Werden wenigstens drei Aufgaben zur deskriptiven Statistik gestellt – womit ich dann mit Wahrscheinlichkeit 0,5 rechne – schaffe ich die Klausur mit 90 % Sicherheit, andernfalls nur mit 70 % Sicherheit. Leider zeigt die Erfahrung, dass man mit Aufgaben zur Wahrscheinlichkeitsrechnung mit 95 % Sicherheit rechnen muss.“

Berechnen Sie die (subjektive) Wahrscheinlichkeit, dass der Student die Klausur besteht,

a) bevor er die Klausur gesehen hat bzw.
b) nachdem er sein Klausurexemplar erhalten hat und er als erstes diese Aufgabe aufschlägt.

Aufgabe 2.2

Ein Gegenstand (wie z. B. ein Koffer, Rad oder Motorrad) werde durch ein Zahlenschloss gesichert. Bezüglich eines (potenziellen) Diebes werde im Folgenden stets angenommen, dass er höchstens eine Minute lang versucht, das Schloss durch Probieren zu öffnen, wobei er bei einem dreistelligen (bzw. vierstelligen) Schloss alle drei (bzw. vier) Sekunden eine zufällig ausgewählte neue Zahlenkombination probiert.

Wie groß ist die Wahrscheinlichkeit, dass der Dieb erfolgreich ist, falls das Schloss

a) dreistellig bzw.
b) vierstellig ist?

c) Der Dieb unternehme mit der Wahrscheinlichkeit 0,5 einen (höchstens einmi-nütigen) Versuch, das Schloss zu öffnen; ebenfalls mit der Wahrscheinlichkeit von 0,5 unterbleibe ein derartiger Versuch. Gelingt es dem Dieb, das Schloss zu öffnen, so entstehe ein Schaden von 1 000 Euro. Wie groß ist der Erwar-tungswert des Schadens bei Verwendung eines dreistelligen bzw. vierstelligen Zahlenschlosses?

Aufgabe 2.3*

In der Natur stets vorkommende Alpha-Teilchen können in binären Speicherzellen Bit-Fehler verursachen. Der Fehlerkorrektur-Code des betrachteten Mikrocomputers habe die Eigenschaft, einen einzigen Bit-Fehler pro Wort mit Sicherheit korrigieren zu können. Sobald aber zwei (oder mehr) Bit-Fehler pro Wort vorliegen, produziert der Fehlerkorrektur-Code weitere Fehler, sodass man davon ausgehen kann, dass dann das betreffende Wort verfälscht wird. (Dass mehrmals die gleiche Speicherzelle getroffen wird, sei vernachlässigbar.) Es werde angenommen, dass im relevanten Zeitraum im gesamten Mikrocomputerspeicher, der N Binärzellen umfasse, a Bit-Fehler vorkom-men. Die Wortlänge betrage (inkl. der erforderlichen Paritätsbits) k Speicherzellen, wobei $\frac{N}{k}$ ganzzahlig sei.

a) Wie groß ist die Wahrscheinlichkeit dafür, dass kein Wort (unkorrigierbar) ver-fälscht wird?

b) Setzen Sie speziell $k = 2^5$ und $a = 3$ und berechnen Sie die Wahrscheinlichkeit dafür, dass jedes Wort eines 128 Kilobyte-Speichers unverfälscht bleibt.

Aufgabe 2.4

Erfahrungsgemäß variiert für jede Krankheit die Erkrankungshäufigkeit von Region zu Region. Von einem pro Krankheit festgelegten Schwellenwert (für die Erkrankungs-häufigkeit) sei bekannt, dass er nur in p % aller Regionen überschritten wird. Im Falle des Überschreitens werde von einer „besorgniserregenden Häufung" gesprochen. Es gebe k relevante Krankheiten, die bzgl. ihrer Erkrankungshäufigkeit als unabhängig gelten können. Nun werde eine Region zufällig ausgewählt und die Erkrankungshäu-figkeit der k Krankheiten dort erhoben. Eine Pressemitteilung über die „besorgniserre-gende Häufung in dieser Region" wird dann veranlasst, wenn mindestens einer der k Schwellenwerte überschritten ist.

a) Mit welcher Wahrscheinlichkeit wird eine Pressemitteilung veranlasst?

b) Wie groß ist diese Wahrscheinlichkeit, wenn $p = 1$ und $k = 120$ betragen?

Aufgabe 2.5

Ein Gerät werde aus 35 Einzelteilen montiert und funktioniere genau dann, wenn alle 35 Einzelteile einwandfrei sind. Sobald mindestens ein Einzelteil defekt ist, ist das Gerät ein Ausschussstück. Bei den Einzelteilen handelt es sich teils um fremdbezogene Teile und teils um selbst hergestellte Zwischenprodukte. Die fremdbezogenen Teile haben einen Ausschussanteil von $p_f = 1\%$, während die selbst hergestellten Zwischenprodukte nur einen Ausschussanteil von $p_s = 0,1\%$ aufweisen. Das Gerät enthalte 10 fremdbezogene und 25 selbst produzierte Einzelteile. Wie groß ist (bei geeigneter Unabhängigkeitsprämisse) die Ausschusswahrscheinlichkeit für die produzierten Geräte?

Aufgabe 2.6

In einer Branche stellen 90 % aller neu konzipierten Produkte Flops dar. Selbst wenn man die Entscheidung über die Massenherstellung vom Ergebnis einer Testmarktuntersuchung abhängig macht, sind Fehlentscheidungen nicht ausgeschlossen. Die bisher gemachten Erfahrungen sind dem folgenden Ereignisbaum zu entnehmen:

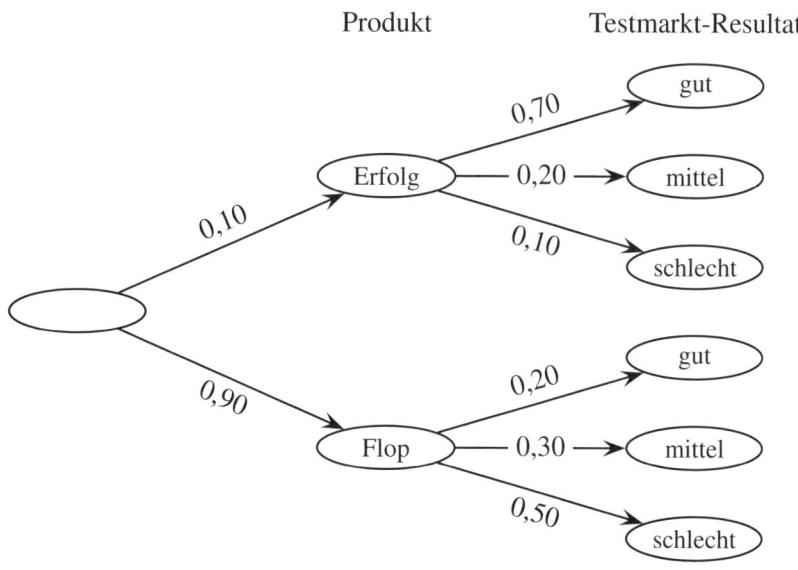

Ein Produkt hat ein gutes Testmarktresultat erzielt. Mit welcher Wahrscheinlichkeit handelt es sich dennoch um einen Flop?

Aufgabe 2.7

Ein mittelständisches Maschinenbau-Unternehmen importiert elektronische Bausteine aus Fernost. Die Eingangskontrolle der Lose sei eine Gut-Schlecht-Prüfung auf Stichprobenbasis: Es werden n Stück jedes Loses geprüft und ein Los genau dann angenommen, wenn alle geprüften Stücke gut sind. Für die Weiterverwendung der elektronischen Bausteine wäre zwar ein Schlechtanteil von $p = 0\%$ ideal. Er ist jedoch äußerst unrealistisch und im Übrigen durch keinerlei Stichprobenkontrolle zu gewährleisten. In Anbetracht der gegebenen Umstände gelte ein Schlechtanteil von $p = 1\%$ als akzeptabel und ein Schlechtanteil von $p = 3\%$ bereits als inakzeptabel. Versuchen Sie, den Stichprobenumfang n so zu bestimmen, dass die Annahmewahrscheinlichkeit eines akzeptablen Loses (mit $p = 1\%$) und die Ablehnwahrscheinlichkeit eines inakzeptablen Loses (mit $p = 3\%$) jeweils mindestens 90% betragen.

Hinweis: Man nehme den Umfang N eines Loses so groß an, dass die Stichprobe wie eine Stichprobe mit Zurücklegen behandelt werden kann.

Aufgabe 2.8

In einem Fußballturnier sind nur noch die vier Mannschaften A, B, C und D im Wettbewerb. Der weitere Turnierverlauf ist folgendermaßen festgelegt: Zunächst spielen im Halbfinale A gegen B (Spiel 1) und C gegen D (Spiel 2). Die beiden Verlierer der Spiele 1 und 2 spielen anschließend um den 3. bzw. 4. Platz (Spiel 3); die beiden Sieger der Spiele 1 und 2 schließlich ermitteln im Endspiel (Spiel 4) die Plätze 1 und 2. Bei jedem einzelnen Spiel sind nur die Spielausgänge „Sieg" oder „Niederlage" zu betrachten (denn gegebenenfalls sind Verlängerung, Elfmeterschießen bzw. Losentscheid vorgesehen). Der Trainer der Mannschaft D setzt folgende (subjektive) Wahrscheinlichkeiten dafür an, dass seine Mannschaft in einem Spiel gegen A, B bzw. C gewinnt:

Spiel gegen	A	B	C
Wahrscheinlichkeit, dass D gewinnt	0,6	0,5	0,7

Ferner rechnet er mit Wahrscheinlichkeit 0,4 damit, dass A gegen B gewinnt. (Jede dieser Wahrscheinlichkeiten gelte unabhängig von eintretenden Ergebnissen anderer Spiele.)

Berechnen Sie aus der Sicht des Trainers von D die Wahrscheinlichkeit, dass

a) D ins Endspiel kommt,
b) D und A ins Endspiel kommen,
c) D und A ins Endspiel kommen und D dieses gewinnt,
d) D im Turnier den i-ten Platz belegt (für $i = 1, 2, 3, 4$).

Aufgabe 2.9*

Eine Unternehmung platziert in 4 von 10 Heften einer Zeitschrift eine Werbebotschaft für ihr neues Produkt. Ein potenzieller Käufer dieses Produkts lese 3 der 10 Hefte.

a) Wie groß ist die Wahrscheinlichkeit, dass ein potenzieller Käufer genau j (mit $j = 0, 1, 2, 3$) Hefte mit der Werbebotschaft liest?

b) Die Wahrscheinlichkeit, dass ein Leser eines Heftes mit platzierter Werbebotschaft die Werbebotschaft bewusst registriert, sei 0,5 (unabhängig davon, ob er bei einem anderen Heft die Werbebotschaft bewusst registriert hat). Eine Kaufentscheidung werde umso wahrscheinlicher, je häufiger die Werbebotschaft bewusst registriert wird. Aus empirischen Daten wurde

$$P(\text{Kaufentscheidung}|A_i) = \tfrac{i}{10} \quad \text{mit} \quad i = 0, 1, 2, 3$$

entnommen, wobei A_i das Ereignis bedeutet, dass der potenzielle Käufer die Werbebotschaft genau i-mal bewusst registriert hat. Mit welcher Wahrscheinlichkeit kommt es zur Kaufentscheidung?

c) Wird anstelle der ganzseitigen Werbebotschaft jeweils eine (preisgünstigere) halbseitige Werbebotschaft platziert, so sinke die Wahrscheinlichkeit, dass sie beim Lesen des Heftes bewusst registriert wird, um die Hälfte, d. h. auf 0,25. Halbiert sich damit auch die Kaufwahrscheinlichkeit?

Aufgabe 2.10

Eine Versicherungsgesellschaft verlangt als Prämie das 1,3-fache des Erwartungswertes ihrer Zahlungen an den Versicherungsnehmer. Es werden einjährige Lebensversicherungen des Typs betrachtet:

Der Betrag von 100 000 Euro ist zu zahlen, wenn der Versicherungsnehmer innerhalb eines Jahres nach Abschluss des Vertrages stirbt. Im Erlebensfall ist keine Zahlung zu leisten.

Die (einjährige) Sterbewahrscheinlichkeit betrage 0,006.

a) Wie hoch ist die Prämie für einen derartigen Vertrag?

b) Bestimmen Sie den Drei-Sigma-Bereich des aus einem Vertrag resultierenden Gewinns G.

c) Die Versicherungsgesellschaft schließe 50 000 derartige Verträge ab. Bestimmen Sie den Drei-Sigma-Bereich des Gesamtgewinns

$$G_1 + G_2 + \cdots + G_{50\,000} \,,$$

der aus diesen Verträgen resultiert, wobei Unabhängigkeit der G_i vorausgesetzt werde.

Aufgabe 2.11

Sei $GK = EK + FK$ das Gesamtkapital einer Unternehmung, EK das Eigenkapital, FK das aufgenommene Fremdkapital sowie $v = FK/EK$ der entsprechende Verschuldungsgrad. Die Gesamtkapitalrendite X sei eine Zufallsvariable mit $E(X) = 0{,}08$ und der Standardabweichung $0{,}02$. Der für das Fremdkapital zu zahlende Zinssatz betrage $0{,}06$. Ferner sei der Verschuldungsgrad $v = 2$.

a) Bestimmen Sie den Erwartungswert und die Standardabweichung der Eigenkapitalrendite Y.

b) Die Gesamtkapitalrendite X sei stetig und symmetrisch um $0{,}08$ verteilt. Mit welcher Wahrscheinlichkeit beträgt die Eigenkapitalrendite mindestens 12%?

Aufgabe 2.12

Eine Kommanditgesellschaft bestehe aus 5 Kommanditisten und einem Komplementär. Die KG macht pro Jahr einen Gewinn X (in Euro) mit einem Erwartungswert und einer Standardabweichung in Höhe von

$$E(X) = 1\,200\,000 \quad \text{und} \quad \sqrt{\text{Var}(X)} = 100\,000 \,.$$

Der Komplementär erhält den dreifachen Gewinnanteil eines Kommanditisten. Er hat einen (konstanten) Grenzsteuersatz von 56%, während die Kommanditisten jeweils mit einem (konstanten) Grenzsteuersatz von 45% besteuert werden. Bestimmen Sie den Erwartungswert und den Zwei-Sigma-Bereich des Jahres-Nettoeinkommens für

a) jeden der Kommanditisten,

b) den Komplementär.

Aufgabe 2.13

Eine Versicherungsgesellschaft versichert den Sportstar B gegen Tod und Invalidität. Die mit einer Police verbundene (und von der Versicherungsgesellschaft zu leistende) Zahlung X habe die folgende Wahrscheinlichkeitsverteilung:

$$P(X = 0) = 0{,}970 \,; \quad P(X = 10^5) = 0{,}025 \,; \quad P(X = 10^6) = 0{,}005 \,.$$

Welche Prämie π muss die Versicherungsgesellschaft als Preis für den von ihr gewährten Versicherungsschutz kalkulieren, wenn sie sich am

a) Erwartungswertprinzip mit 20-prozentigem Zuschlag, d. h. an $\pi = 1{,}2E(X)$,

b) Standardabweichungsprinzip in der speziellen Variante

$$\pi = E(X) + \tfrac{1}{20} \cdot \sqrt{\text{Var}(X)}$$

orientiert?

Aufgabe 2.14

Eine Unternehmung hat 2 000 Beschäftigte mit einem durchschnittlichen Jahreslohn von 40 000 Euro. Der von der Unternehmung erwirtschaftete Jahresüberschuss vor Lohnzahlungen sei mit X bezeichnet. Er wird von zahlreichen risikobehafteten Faktoren (Inputpreisen, Outputpreisen, Wechselkursen, Produktivitäten usw.) beeinflusst und ist – vom Jahresanfang aus beurteilt – als Zufallsvariable anzusehen. Der Gewinn

$$G = X - 2\,000 \cdot 40\,000$$

ist demnach ebenfalls risikobehaftet. Es sei $E(X) = 112$ Mio. Euro.

  a) Geben Sie den Erwartungswert und die Varianz des Gewinns an.
  b) Nun werde folgendes Beteiligungsmodell betrachtet:

    Jeder Arbeitnehmer bekommt einen um 10 % gekürzten Fixlohn; dafür aber erhält die Arbeitnehmerschaft 20 % des Überschusses, der nach Zahlung des Fixlohnbestandteils übrig bleibt.

  Ermitteln Sie nun den Gewinnerwartungswert und die Gewinnvarianz; vergleichen Sie Letztere mit der Gewinnvarianz aus Teil a).

Aufgabe 2.15

In der Finanzierungs- und Portfolio-Theorie wird die Verwendung der Varianz als Risikokennziffer einer stochastischen Rendite X deshalb kritisiert, weil Renditeschwankungen nach oben und nach unten einen gleichberechtigten Beitrag zur Varianz leisten. Im Lichte dieser Kritik eignet sich die Semivarianz bzgl. eines Referenzpunkts t besser als Risikokennziffer. Diese ist im stetigen Fall als

$$\int_{-\infty}^{t} (x - t)^2 f(x)\, \mathrm{d}x$$

bzw. im diskreten Fall als

$$\sum_{x < t} (x - t)^2 f(x)$$

definiert und berücksichtigt nur (quadratische) Abweichungen nach unten. Die Wurzel daraus heißt Semistandardabweichung. Es werde eine Renditeverteilung betrachtet, bzgl. der alle ganzzahligen Prozentzahlen von -2 bis zu 12, jeweils mit gleicher Wahrscheinlichkeit, realisierbar sind. Berechnen Sie die dazugehörige Semistandardabweichung bzgl.

  a) der risikofrei erzielbaren Rendite von 3 % als Referenzpunkt t bzw.
  b) des Rendite-Erwartungswertes als Referenzpunkt.

Aufgabe 2.16

Ein Wirtschaftsstudent erzielte an einer deutschen Universität eine gute Abschlussnote, was in ihm den Wunsch weckte, an einer nordamerikanischen Graduate School of Business den Grad eines PhD zu erwerben. Da er weiß, dass die Chance einer positiven Antwort auf ein Bewerbungsschreiben nur 20 % beträgt, beschließt er, gleichzeitig mehrere Universitäten anzuschreiben. Er bemerkt jedoch schnell, dass jede Bewerbung mit einigem Aufwand (Begleitschreiben, Unterlagen, Empfehlungsschreiben usw.) verbunden ist und dass er die Angelegenheit rationalisieren sollte.

Wie viele Bewerbungsschreiben muss er absenden,

a) damit die Chance auf (mindestens) eine positive Antwort 95 % oder mehr beträgt bzw.

b) damit er mit Sicherheit eine positive Antwort bekommt?

Aufgabe 2.17*

Für eine Population von N Individuen (Bevölkerung eines Bundeslandes, Mitglieder einer Großorganisation) wird eine AIDS-Reihenuntersuchung erwogen. Der verfügbare Test ist teuer, andererseits aber so empfindlich, dass er aus einer gemischten Blutprobe ermitteln kann, ob mindestens ein positiver Befund vorliegt. Aus Kostengründen wird folgendes Untersuchungsdesign analysiert:

> Jede individuelle Blutprobe wird halbiert. Die eine Hälfte wird für jeweils n Personen gemischt und gemeinsam getestet. Ist der Befund positiv, so müssen die reservierten Blutproben-Hälften aller n Individuen separat getestet werden. Ist er negativ, so braucht keine der beteiligten Blutprobenhälften getestet zu werden.

a) Wie groß ist (in Abhängigkeit vom Anteil p der Positiven in der Population) die erwartete Anzahl der durchzuführenden Tests?

b) Die Population umfasse $N = 10^6$ Personen. Ferner werde damit gerechnet, dass 0,1 % aller Personen einen positiven Befund aufweisen. Vergleichen Sie die Gruppengrößen $n = 100$, $n = 50$ und $n = 25$ bzgl. des erwarteten Testaufwands.

Aufgabe 2.18

An den vier Freitagen im Februar 2015 wurde im ZDF ein Werbespot für ein Kosmetikprodukt gezeigt. Eine Befragung der angesprochenen Zielgruppe, wie oft das Werbeprogramm des ZDF eingeschaltet wird, lieferte das Ergebnis „in vier Wochen fünfmal".

a) Ermitteln Sie unter der Prämisse, dass sich das Einschalten zufällig auf die relevanten 24 Tage verteilt, die Wahrscheinlichkeiten dafür, dass eine Zielperson genau $x = 0, 1, 2, 3, 4$-mal erreicht wird.

b) Diese Wahrscheinlichkeiten lassen sich approximieren durch ein Experiment, bei dem eine Zielperson an fünf Tagen das Werbeprogramm eingeschaltet hat, wobei jeweils über Sendung bzw. Nichtsendung des Spots unabhängig und zufällig (mit den Wahrscheinlichkeiten $\frac{4}{24}$ bzw. $\frac{20}{24}$) entschieden wird. Berechnen Sie wieder die Wahrscheinlichkeiten für $0, 1, 2, 3, 4$-maliges Erreichen und vergleichen Sie die Ergebnisse mit denen aus Teil a).

c) Welche Wahrscheinlichkeiten erhält man bei Benutzung der Poisson-Verteilung?

Aufgabe 2.19

Ein Investitionsvorhaben erfordere im Zeitpunkt 0 eine Auszahlung A_0 von 10^6 Euro sowie in den Zeitpunkten 1 und 2 jeweils Material- und Reparaturauszahlungen A_1 bzw. A_2, für die gelte

$$P(A_i = 50\,000) = P(A_i = 150\,000) = 0{,}5 \quad \text{für} \quad i = 1, 2 \, .$$

Mit dem Investitionsprojekt sind risikobehaftete Einzahlungen X_1 und X_2 zu den Zeitpunkten 1 und 2 verbunden, wobei gelte

X_i (in Mio. Euro)	0,6	0,8	1
Wahrscheinlichkeit	$\frac{1}{4}$	$\frac{1}{2}$	$\frac{1}{4}$

Nach dem Zeitpunkt 2 sind weder Ein- noch Auszahlungen relevant. Der Kalkulationszinsfuß betrage 10 %.

a) Bestimmen Sie den erwarteten Kapitalwert.

b) Wie groß ist der Kapitalwert im ungünstigsten Fall? Mit welcher Wahrscheinlichkeit tritt diese ungünstige Konstellation ein, wenn die Zahlungen A_1, A_2, X_1, X_2 als unabhängig gelten können?

Aufgabe 2.20

Für die Position eines Vorstandsassistenten sind erfahrungsgemäß nur 10 % aller Kandidaten geeignet. Jedes individuelle Vorstellungsgespräch (in dessen Verlauf der Personalleiter die Eignung zweifelsfrei feststellt) dauert eine Stunde.

   a) Wie groß ist die Wahrscheinlichkeit, dass der erste geeignete Kandidat erst bei dem x-ten Vorstellungsgespräch gefunden wird?

   b) Wie groß ist der erwartete Zeitaufwand bis zum Auffinden des ersten geeigneten Kandidaten?

Hinweis zu Teil b): Es ist

$$\sum_{x=1}^{\infty} x q^x = \frac{q}{(1-q)^2} \quad \text{für} \quad |q| < 1 \; .$$

Aufgabe 2.21

In leichter Modifikation der Fragestellung von Aufgabe 2.20 sollen nun zwei Jobs der betrachteten Art besetzt werden. Der Personalleiter muss nun mindestens zwei individuelle Vorstellungsgespräche führen. Berechnen Sie für die Zufallsvariable

$$Y = \text{Anzahl der Vorstellungsgespräche, die zusätzlich zu}$$
$$\text{den beiden (mindestens erforderlichen) zu führen sind}$$

die Wahrscheinlichkeitsfunktion.

Aufgabe 2.22

Eine militärische Allianz betreibt 1 000 voneinander unabhängig arbeitende Radar-Frühwarnstationen. Pro Station und Jahr wird mit der Wahrscheinlichkeit 0,05 % ein falscher Alarm ausgelöst.

   a) Welches ist die exakte Verteilung der Anzahl insgesamt ausgelöster falscher Alarme pro Jahr?

   b) Bestimmen Sie approximativ die Wahrscheinlichkeit dafür, dass mindestens ein falscher Alarm pro Jahr ausgelöst wird.

   c) Ein von der Gegenseite neu installiertes Raketensystem führe dazu, dass die Empfindlichkeit der Stationen erhöht werden muss. Damit verdopple sich für jede Station auch die Wahrscheinlichkeit für einen falschen Alarm. Verdoppelt sich dann die erwartete Anzahl falscher Alarme? Verdoppelt sich die Wahrscheinlichkeit dafür, dass mindestens ein falscher Alarm pro Jahr ausgelöst wird?

Hinweis zu Teil c): Beantworten Sie die letzte Frage mittels der in Teil b) benutzten Approximationsmethode.

Aufgabe 2.23

Für einen GmbH-Geschäftsführer ist das Jahresgehalt g (in Euro) folgendermaßen an den (vor Zahlung von g ermittelten) Jahresgewinn x (in Euro) gekoppelt:

Ist $x \leq 10^7$, so beträgt $g = 150\,000$. Übersteigt x die Schwelle von 10^7, so steigt g gleichmäßig bis zu einem Limit von $g = 350\,000$ an. Das Maximalgehalt $g = 350\,000$ wird genau dann gezahlt, wenn der Jahresgewinn mindestens $3 \cdot 10^7$ beträgt.

Der (zufallsabhängige) Jahresgewinn X (in 10^7 Euro) besitze folgende Wahrscheinlichkeitsfunktion:

x	0,8	1	1,5	2	2,5	3	4
$f(x)$	0,10	0,15	0,20	0,25	0,15	0,10	0,05

Wie ist das (von X abhängige) Geschäftsführergehalt G verteilt?

Aufgabe 2.24

Für eine binäre Speicherzelle sei die Anzahl X der Betriebsstunden bis zum Auftreten des ersten Fehlers exponentialverteilt mit dem Parameter $\lambda = 10^{-6}$.

a) Wie groß ist die mittlere Zeitdauer $E(X)$ bis zum Auftreten des ersten Fehlers?
b) Mit welcher Wahrscheinlichkeit tritt der erste Fehler innerhalb von 10^6 Betriebsstunden auf?
c) Ein 2-Megabyte-Speicher besteht aus $n = 2^{24}$ derartigen Speicherzellen. Bzgl. des Auftretens von Fehlern soll die Unabhängigkeit der Speicherzellen vorausgesetzt werden. Sei Y die Zeit bis zum Auftreten des ersten Fehlers im 2-Megabyte-Speicher. (Von einem Fehlerkorrektur-Code sei hier abgesehen.) Wie groß ist die mittlere Zeit $E(Y)$ bis zum Auftreten des ersten Fehlers im Speicher?

Aufgabe 2.25

Eine Unternehmung beteiligt sich an einer Ausschreibung für ein Projekt. Das Projekt beinhalte 5 Teilleistungen, deren Kosten $K_1, \ldots, K_5$ noch von zukünftigen Energiepreisen, Tarifabschlüssen usw. abhängen. Die Kosten K_i werden als normalverteilt und unabhängig unterstellt, wobei von folgenden Erwartungswerten und Standardabweichungen (in Tausend Euro) ausgegangen werden kann:

i	1	2	3	4	5
μ_i	1\,000	1\,000	1\,000	2\,000	2\,000
σ_i	100	100	100	100	100

Die Unternehmung habe mit ihrem Angebotspreis von 9 000 000 Euro den Zuschlag bekommen. Wie groß ist die Wahrscheinlichkeit, dass der Gewinn

a) höher als 2 000 000 ist,
b) kleiner als 1 500 000 ausfällt?

Aufgabe 2.26

Von einem bestimmten Geldausgabeautomaten werden an einem normalen Wochenende mindestens 5 000 Euro, oft jedoch wesentlich mehr als 5 000 Euro abgehoben. Nach den bisher vorliegenden Erfahrungen kann die Nachfrage, d. h. die Summe aller gewünschten Abhebungen, als eine Zufallsvariable X mit der Verteilungsfunktion

$$F(x) = 1 - \frac{25 \cdot 10^6}{x^2} \quad \text{für} \quad x > 5\,000$$

angesehen werden.

a) Der Automat werde mit 50 000 Euro gefüllt. Mit welcher Wahrscheinlichkeit deckt dieser Betrag die Nachfrage nicht?
b) Wie groß ist die mittlere Nachfrage $E(X)$?

Aufgabe 2.27

Aufgrund bereits gelieferter und in der Planungsperiode zu produzierender Waren sowie aufgrund der Zahlungsgewohnheiten ihrer Kunden rechnet eine Unternehmung mit einem Einzahlungsüberschuss X, der mindestens $a = 1 \cdot 10^6$ Euro und höchstens $b = 3 \cdot 10^6$ Euro betragen wird. Innerhalb dieses Intervalls gelte die Wahrscheinlichkeitsdichte

$$f(x) = \tfrac{3}{4} \cdot 10^{-18}(x - a)(b - x)\,.$$

Die Unternehmung sei bei ihrer Hausbank mit 3 Mio. Euro verschuldet. Die Hausbank verlangt, dass der Schuldenstand bis zum Ende der Periode halbiert wird. Mit welcher Wahrscheinlichkeit verfehlt die Unternehmung dieses Ziel?

Aufgabe 2.28

Bei (Aktien-)Optionspreismodellen wird der Kurs X der zugrunde liegenden Aktie am Ende der Optionsfrist meist als logarithmisch normalverteilt angenommen; d. h. man unterstellt (wofür theoretische und empirische Argumente sprechen), dass die Zufallsvariable $Y = \ln X$ normalverteilt ist. Die Parameter μ und σ dieser Normalverteilung hängen von der Laufzeit der Option und von der aktientypischen Volatilität ab. Erstellen Sie die Dichtefunktion f von X.

Aufgabe 2.29

Getreu der Just-in-Time-Devise, gemäß der die Zulieferer flexibel und kurzfristig reagieren sollen, hält ein PKW-Produzent nur eine geringe Anzahl von Anlassern auf Lager. Bei Bedarf wird dem Zulieferer eine telefonische Order übermittelt. Spätestens 10 Stunden nach der Bestellung sind die Anlasser dann im PKW-Werk. Innerhalb dieser 10 Stunden schwankt die Lieferfrist X gemäß der Dichtefunktion

$$f(x) = \begin{cases} \frac{1}{5} - \frac{x}{50} & \text{für } 0 \leqq x \leqq 10 \\ 0 & \text{sonst .} \end{cases}$$

Berechnen Sie

a) den Erwartungswert,
b) die Standardabweichung,
c) den Median,
d) das 90 %-Fraktil

der Lieferfrist.

Aufgabe 2.30

Das monatliche Einkommen betrage mindestens x_0 Geldeinheiten, wobei x_0 durch Tarifverträge, das soziale Netz und dergleichen bestimmt wird. Zur approximativen Beschreibung der Einkommensverteilung wird häufig eine Dichtefunktion der Form

$$f(x) = \begin{cases} \frac{c}{x^{\alpha+1}} & \text{für } x \geqq x_0 \\ 0 & \text{sonst} \end{cases}$$

benutzt, wobei α ein positiver vorgegebener Parameter und c eine noch zu bestimmende Normierungskonstante ist.

a) Bestimmen Sie c.
b) Bestimmen Sie die Verteilungsfunktion F des Einkommens X.
c) Setzen Sie speziell $\alpha = 1$ sowie $x_0 = 1\,000$ Euro und berechnen Sie die bedingte Wahrscheinlichkeit

$$P(X > 10\,000 | X \geqq 5\,000) \,,$$

d. h. den Anteil derjenigen unter den mindestens 5 000 Euro Verdienenden, die sogar über 10 000 Euro verdienen.

Aufgabe 2.31

Für manche Leistungen (z. B. Entwicklungsprojekte militärischer oder ziviler Art) gibt es keinen vollkommenen Markt und damit keinen Marktpreis. Ersetzt der Auftraggeber dem Auftragnehmer vereinbarungsgemäß alle Kosten, so besteht kein Anreiz zur Kostenkontrolle. Es werden deshalb Anreizverträge verwendet, bei denen der Gewinn g des Auftragnehmers von der Überschreitung bzw. Unterschreitung der (bilateral auszuhandelnden) Zielkosten $\hat{c}$ abhängt:

$$g = \hat{g} + p(\hat{c} - c) \, .$$

Dabei sind $\hat{g}$ der Zielgewinn, c die tatsächlichen Kosten, und p ein Anteilswert zwischen 0 und 1 mit der Bedeutung: Überschreiten die tatsächlichen Kosten c die Zielkosten um eine Geldeinheit, so schmälert dies den Gewinn des Auftragnehmers um p Geldeinheiten. Die drei Parameter $\hat{g}$, $\hat{c}$ und p sind Bestandteil des Anreizvertrages.

a) Die (zufallsabhängigen) Kosten C seien eine über dem Intervall $[1 \cdot 10^7; 2 \cdot 10^7]$ gleichverteilte Zufallsvariable. Welche Verteilung besitzt der Gewinn G?

b) Setzen Sie zusätzlich

$$\hat{g} = 10^6 \, , \quad \hat{c} = 1{,}6 \cdot 10^7 \quad \text{und} \quad p = 0{,}30 \, .$$

Mit welcher Wahrscheinlichkeit wird dann der Gewinn negativ? Mit welcher Wahrscheinlichkeit beträgt er über 2 Millionen Geldeinheiten?

Aufgabe 2.32

Die monatliche Nachfrage X nach einem bestimmten Artikel sei zufallsabhängig und besitze die Dichtefunktion

$$f(x) = \tfrac{2}{3} \cdot 10^{-6} x - \tfrac{2}{9} \cdot 10^{-9} x^2 \quad \text{für} \quad 0 \leqq x \leqq 3\,000 \, .$$

Mehr als 3 000 Stück werden sicher nicht nachgefragt.

a) Berechnen Sie die erwartete Nachfrage $E(X)$ sowie den Modalwert der Nachfrage.

b) Der zu Monatsbeginn festgestellte Lagerbestand betrage 2 000 Stück. Von Lagerzugängen infolge Produktion oder Bestellung sei abgesehen. Mit welcher Wahrscheinlichkeit kann die Nachfrage befriedigt werden?

Aufgabe 2.33*

Eine Firma kauft ein Spezialgerät, das am Ende der Planungsperiode veräußert werden soll, auf Kredit. Der Kreditbetrag von 500 000 Euro ist mit 8 % zu verzinsen (Planungsperiode = Zinsperiode) und am Ende der Periode zu tilgen. Die Einzahlungen Z für die mittels des Spezialgerätes erbrachten Leistungen erfolgen (der Einfachheit halber) ebenfalls am Periodenende. Sowohl Z als auch der Restwert R seien zufallsabhängig und jeweils über dem Intervall $[250\,000; 350\,000]$ gleichverteilt. Schließlich seien Z und R unabhängig.

a) Bestimmen Sie die Verteilungsfunktion des aus diesen Aktivitäten resultierenden Gewinns.

b) Mit welcher Wahrscheinlichkeit beträgt der Gewinn mehr als 100 000 Euro?

Aufgabe 2.34

Es sei $T(x)$ die bei einem Jahreseinkommen x zu entrichtende Steuerschuld. $T(x)$ sei ein Progressionstarif, d. h. $T(x)$ sei eine konvexe Funktion. Herr Müller stehe vor der Wahl, sich selbstständig zu machen, wobei sein Jahreseinkommen X risikoabhängig wird, oder seinen Angestelltenstatus mit dem festen Jahresgehalt in Höhe von $E(X)$ beizubehalten. Wie wird er sich entscheiden, wenn er sich am erwarteten Nettoeinkommen orientiert?

Hinweis: Man verwende die Jensensche Ungleichung.

Aufgabe 2.35

Bei der Herstellung von kohlefaserverstärkten Wellen gelten alle Wellen als Ausschuss, die um mehr als 1 mm vom Sollmaß von 90 mm Länge abweichen. Die produktionsbedingt schwankende Länge X hat den Erwartungswert 90 mm und die Standardabweichung 0,15 mm. Schätzen Sie mittels der Tschebyscheffschen Ungleichung ab, wie groß die Ausschusswahrscheinlichkeit höchstens sein kann.

Aufgabe 2.36

Ein Anleger verfügt am Periodenbeginn über 100 000 Euro. Er investiert 60 000 Euro in eine Anlagemöglichkeit, die eine zufallsabhängige Rendite X besitzt; d. h. aus den 60 000 Euro werden am Periodenende $60\,000(1+X)$ Euro. Die restlichen 40 000 Euro legt er zur stochastischen Rendite Y an. Es seien

$$E(X) = 0{,}08\,; \qquad E(Y) = 0{,}06\,;$$
$$\mathrm{Var}(X) = 0{,}02^2\,; \quad \mathrm{Var}(Y) = 0{,}01^2\,.$$

Berechnen Sie den Erwartungswert und den Drei-Sigma-Bereich des Periodenendvermögens Z unter der Prämisse, dass X und Y

a) unabhängige Zufallsvariablen sind bzw.
b) den Korrelationskoeffizienten $-0{,}3$ besitzen.

Aufgabe 2.37

Für ein bestimmtes Produkt bezeichne x die Absatzmenge in der Planungsperiode, p den Preis pro Einheit, c die variablen Kosten pro Einheit und k die Fixkosten. Aus der Gewinnfunktion

$$g(x) = (p - c)x - k$$

ergibt sich der Break-Even-Punkt

$$x^* = \frac{k}{p - c} \, .$$

Als Preis wird $p = 10$ als am Markt durchsetzbar erachtet. Die von Expertenteams geschätzten Wahrscheinlichkeitsverteilungen für die variablen und fixen Kosten lassen sich folgendermaßen beschreiben:

$$P(C = 5) = P(C = 6) = P(C = 7) = \tfrac{1}{3} \, ,$$
$$P(K = 100\,000) = \tfrac{3}{4} \, , \quad P(K = 120\,000) = \tfrac{1}{4} \, .$$

a) Berechnen Sie unter der Voraussetzung, dass diese Zufallsvariablen unabhängig sind, die Verteilung des Deckungsbeitrags pro Produkteinheit sowie die Verteilung des Break-Even-Punktes.
b) Sowohl die fixen als auch die variablen Kosten werden von einigen gemeinsamen Faktoren, deren Entwicklung schwierig zu prognostizieren ist, bestimmt. Die Planungsabteilung bleibt zwar bei obigen (Rand-)Wahrscheinlichkeiten, ist jedoch der Ansicht, dass die beiden Kostenarten positiv korreliert sind. Es wird versucht, diese positive Korrelation durch die Forderung zu erfassen, dass die beiden Ereignisse

$$(K = 100\,000 \ \text{und} \ C = 5) \, , \quad (K = 120\,000 \ \text{und} \ C = 7)$$

jeweils doppelt so wahrscheinlich wie unter der Unabhängigkeitsprämisse sind. Ist dieser Ansatz mit den Regeln der Wahrscheinlichkeitsrechnung verträglich?

Aufgabe 2.38

Von einem Produktionsprozess ist bekannt, dass der Ausschussanteil 5 %, der Anteil zweiter Wahl 15 % und der Anteil erster Wahl 80 % beträgt. Wie groß ist die Wahrscheinlichkeit dafür, dass unter 10 geprüften Stücken $n_1 = 7$ erster Wahl, $n_2 = 2$ zweiter Wahl und $n_3 = 1$ Ausschuss sind?

Aufgabe 2.39

Die Wirtschaftsstudenten A und B müssen in getrennten Hörsälen dieselbe Statistik-Klausur schreiben. Die Klausur ist vierstündig und beginnt um 12:00 Uhr. Auf die Vorbereitung des Stoffs verwenden A und B nur wenig Zeit. Die eingesparte Zeit nutzen sie für fachfremde Recherchen. Es gelingt ihnen zu erkunden, dass nicht genügend Aufsichtspersonen zur Verfügung stehen werden, um auch den (beiden Hörsälen gemeinsamen) Toilettenraum separat zu überwachen. Sie beschließen, sich dort gegen 15:00 Uhr zwecks Vergleich von Ergebnissen und Austausch von Inspirationen zu treffen. Genauer vereinbaren sie: Jeder solle innerhalb des 10-Minuten-Intervalls von 14:55 bis 15:05 Uhr versuchen, bei seiner Aufsicht eine Auszeit zu erwirken und im Toilettenraum gegebenenfalls bis zu drei Minuten (längstens jedoch bis 15:05 Uhr) auf den anderen Kommilitonen zu warten. A und B sind der Ansicht, dass sie eine 60 %-Chance haben, sich zu treffen. Liegen sie mit ihrer Vermutung richtig?

Zur Beantwortung gehe man davon aus, dass die beiden Ankunftszeiten jeweils über dem betreffenden 10-Minuten-Intervall gleichverteilt und unabhängig sind.

Aufgabe 2.40*

Ein produktionsbedingtes Risiko soll bei einem Industrie-Versicherer versichert werden. Die Schadenshöhe X folgt einer Exponentialverteilung mit dem Erwartungswert $E(X) = 2 \cdot 10^6$ Euro. Die Police sieht einen Selbstbehalt von 10 000 Euro vor.

a) Bestimmen Sie die Verteilungsfunktion F der von dem Industrie-Versicherer zu leistenden Schadenszahlung Y. Ist Y stetig oder diskret verteilt?

b) Der Industrie-Versicherer fungiere als Erstversicherer und schließe eine Police mit einem Rückversicherer ab. Diese Police sieht vor, dass der Erstversicherer nur Schäden x bis zu einer Höhe von $4 \cdot 10^6$ Euro allein regulieren muss. Bei allen darüber hinausgehenden Schäden x fällt die Differenz $z = x - 4 \cdot 10^6$ zu Lasten des Rückversicherers (sog. Schadenexzedentenvertrag). Bestimmen Sie die bedingte Wahrscheinlichkeit $P(Z \leq 10^7 | Z > 0)$ sowie die nun gültige Verteilungsfunktion von Y. Skizzieren Sie die Verteilungsfunktion von Y.

Aufgabe 2.41

Man betrachte die Klausurergebnisse in Mathematik (Zufallsvariable X) und Statistik (Zufallsvariable Y). Die gemeinsame Wahrscheinlichkeitsfunktion f der beiden Zufallsvariablen X und Y wurde durch Auswertung der Klausurergebnisse von Studenten eines WIWI-Fachbereichs geschätzt und in die folgende Tabellenform gebracht:

x \ y	1	2	3	4	5
1	0,04	0,03	0,02	0,01	0,00
2	0,04	0,10	0,03	0,02	0,01
3	0,02	0,08	0,20	0,08	0,02
4	0,01	0,02	0,04	0,10	0,03
5	0,00	0,01	0,03	0,03	0,03

a) Man bestimme die Wahrscheinlichkeiten

- in Mathematik zu bestehen (d. h. eine Note ≤ 4 zu erreichen) und in Statistik nicht zu bestehen,
- in beiden Klausuren zu bestehen,
- in beiden Klausuren nicht zu bestehen,
- in beiden Klausuren besser als 3 zu erhalten,
- in beiden Klausuren zwischen 2 und 4 (inklusive) zu erreichen.

b) Man gebe die Randwahrscheinlichkeits- und Randverteilungsfunktionen an.

c) Sind die beiden Zufallsvariablen unabhängig?

d) In Mathematik erzielen Beate, Peter, Helga und Bernd die Noten $1, 2, 3$ und 4. Wie sehen für diese vier Kandidaten die „Notenchancen" bei der Statistik-Klausur aus?

e) Das Bestehen bzw. Nichtbestehen werde mithilfe der Indikatorvariablen

$$\tilde{X} = \begin{cases} 1, & \text{falls } X \leq 4 \\ 0, & \text{falls } X = 5 \end{cases} \quad \text{und} \quad \tilde{Y} = \begin{cases} 1, & \text{falls } Y \leq 4 \\ 0, & \text{falls } Y = 5 \end{cases}$$

erfasst. Berechnen Sie die gemeinsame Wahrscheinlichkeitsfunktion der Zufallsvariablen $\tilde{X}$ und $\tilde{Y}$.

Aufgabe 2.42*

Aufgrund der technischen Gegebenheiten und der einschlägigen Vorschriften errechnet man für eine projektierte Ski-Seilbahn eine zulässige Zuladung von 12 900 Kilogramm pro Gondel. Für die Umsetzung in eine zulässige Personenanzahl gehe man davon aus, dass für das Personengewicht X und das Gewicht Y der Skiausrüstung $E(X) = 75$, $\text{Var}(X) = 80$, $E(Y) = 15$ und $\text{Var}(Y) = 4$ gelte. Die zulässige Personenanzahl n muss die Eigenschaft haben, dass die Wahrscheinlichkeit für eine Überschreitung der zulässigen Zuladung höchstens 1 % beträgt.

a) Bestimmen Sie n unter den Prämissen, dass X und Y unabhängig sind und das Gesamtgewicht der Skifahrer als normalverteilt angenommen werden kann.

b) Bestimmen Sie n unter der Prämisse, dass X und Y unabhängig sind, aufgrund der Tschebyscheffschen Ungleichung.

c) Wie ändern sich obige Ergebnisse, wenn man die Erfahrungstatsache, dass schwerere Personen i. Allg. auch eine schwerere Skiausrüstung benötigen, durch die Prämisse berücksichtigt, dass der Korrelationskoeffizient zwischen X und Y den Wert 0,9 besitzt?

Lösungen zur Wahrscheinlichkeitsrechnung

Lösung zu Aufgabe 2.1

Es bezeichne

B : Bestehen der Klausur

W : Klausur enthält Aufgaben zur Wahrscheinlichkeitsrechnung

D : Klausur enthält mindestens drei Aufgaben zur deskriptiven Statistik.

a) Nach dem Satz von der totalen Wahrscheinlichkeit gilt

$$P(B) = P(B|W \cap D) \cdot P(W \cap D) +$$
$$P(B|W \cap \bar{D}) \cdot P(W \cap \bar{D}) + P(B|\bar{W}) \cdot P(\bar{W})$$
$$= 0,9 \cdot P(W \cap D) + 0,7 \cdot P(W \cap \bar{D}) + 1 \cdot 0,05 \ .$$

Wegen $P(W \cap D) = P(D|W) \cdot P(W) = 0,5 \cdot 0,95$ und $P(W \cap \bar{D}) = P(W) - P(W \cap D) = 0,95 - 0,5 \cdot 0,95 = 0,5 \cdot 0,95$ folgt $P(B) = 0,9 \cdot 0,5 \cdot 0,95 + 0,7 \cdot 0,5 \cdot 0,95 + 0,05 = 0,81$.

b)
$$P(B|W) = \frac{P(B \cap W)}{P(W)} = \frac{1}{P(W)} \cdot [P(B \cap W \cap D) + P(B \cap W \cap \bar{D})]$$
$$= P(B|W \cap D) \cdot P(D|W) + P(B|W \cap \bar{D}) \cdot P(\bar{D}|W)$$
$$= 0,9 \cdot 0,5 + 0,7 \cdot 0,5 = 0,80 \ .$$

Bemerkung: Spielen bei einer Aufgabe bedingte Wahrscheinlichkeiten eine Rolle, so lassen sich in vielen Fällen die Fragestellung und der Lösungsweg durch einen Ereignisbaum veranschaulichen. In Teil a) sieht dies beispielsweise folgendermaßen aus:

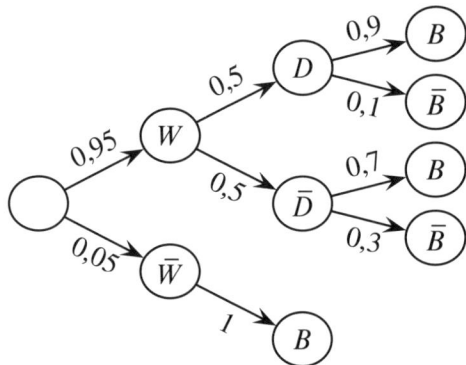

An den Pfeilen sind bedingte (bzw., im Fall der von der Baumwurzel wegführenden Pfeile, unbedingte) Wahrscheinlichkeiten und in den Knoten die Ereignisse notiert. Multipliziert man alle Wahrscheinlichkeiten auf einem Weg von der Baumwurzel zu einem mit B markierten Baumende und addiert man diese Produkte über alle Wege, die zu einem B-Knoten führen, so erhält man die gesuchte Wahrscheinlichkeit $P(B)$.

Lösung zu Aufgabe 2.2

a) In einer Minute können 20 Kombinationen durchprobiert werden. Nach Laplace ergibt sich dann die Wahrscheinlichkeit $p = \frac{20}{1\,000} = 2\,\%$.

b) Da nun nur 15 Kombinationen (der 10\,000) pro Minute durchprobiert werden können, ergibt sich die Wahrscheinlichkeit $p = \frac{15}{10\,000} = 0,15\,\%$.

c) Die Lösung folgt aus den Teilen a) und b) sowie der nachfolgenden Baumdarstellung:

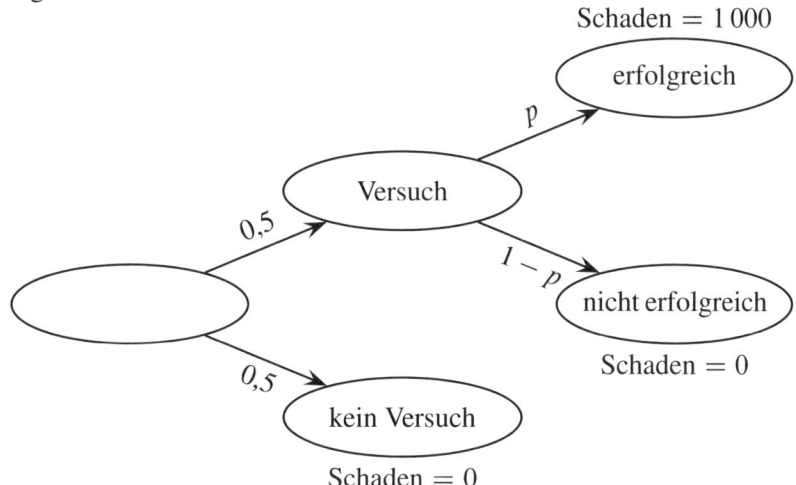

Der Schadenserwartungswert ist $0\cdot(0,5+0,5\cdot0,98)+1\,000\cdot0,5\cdot0,02 = 10$ Euro bei dreistelligem Schloss bzw. $0\cdot(0,5+0,5\cdot0,9985)+1\,000\cdot0,5\cdot0,0015 = 0,75$ Euro bei vierstelligem Schloss.

Lösung zu Aufgabe 2.3*

a) Der Speicher enthält $\frac{N}{k}$ Wörter. Die Wahrscheinlichkeit dafür, dass alle a Bit-Fehler unterschiedliche Wörter betreffen, ergibt sich nach der Laplaceschen Definition der Wahrscheinlichkeit als Quotient

$$\frac{\frac{N}{k}\cdot(\frac{N}{k}-1)\cdots(\frac{N}{k}-a+1)}{\frac{N}{k}\cdot\frac{N}{k}\cdots\frac{N}{k}} = \left(1-\frac{k}{N}\right)\cdot\left(1-2\cdot\frac{k}{N}\right)\cdots\left(1-(a-1)\cdot\frac{k}{N}\right).$$

b) Es ist $k = 2^5$, $a = 3$ und $N = 2^{20}$. Obige Formel liefert also

$$(1 - 2^{-15})(1 - 2\cdot2^{-15}) = 0,9999$$

als Wahrscheinlichkeit dafür, dass (unter den gegebenen Umständen) kein Wort verfälscht wird.

Lösung zu Aufgabe 2.4

a) $P(\text{Pressemitteilung}) =$

$$= 1 - P(\text{keiner der } k \text{ Schwellenwerte wird überschritten})$$
$$= 1 - \left(1 - \tfrac{p}{100}\right)^k$$

(aufgrund der vorausgesetzten Unabhängigkeit).

b) Speziell ergibt sich die Wahrscheinlichkeit $1 - 0{,}99^{120} = 70\,\%$.

Lösung zu Aufgabe 2.5

Das Gerät ist genau dann kein Ausschussstück, wenn alle 35 Einzelteile einwandfrei sind. Unabhängigkeit des Funktionierens bzw. Nichtfunktionierens der Einzelteile vorausgesetzt, gilt

$$P(\text{Gerät kein Ausschuss}) = (1 - p_f)^{10}(1 - p_s)^{25} = 0{,}99^{10} \cdot 0{,}999^{25} = 0{,}88 \,.$$

Die Ausschusswahrscheinlichkeit für die Geräte ist demnach $12\,\%$.

Lösung zu Aufgabe 2.6

Mit den Ereignissen

E: Produkt ist erfolgreich
F: Produkt ist ein Flop
G: Testmarktresultat ist gut
M: Testmarktresultat ist mittel
S: Testmarktresultat ist schlecht

liefert die Bayessche Formel die gesuchte Wahrscheinlichkeit

$$P(F|G) = \frac{P(G|F) \cdot P(F)}{P(G|F) \cdot P(F) + P(G|E) \cdot P(E)}$$

$$= \frac{0{,}20 \cdot 0{,}90}{0{,}20 \cdot 0{,}90 + 0{,}70 \cdot 0{,}10} = 0{,}72 \,.$$

Lösung zu Aufgabe 2.7

Die Annahmewahrscheinlichkeit und die Ablehnwahrscheinlichkeit sind

$$(1 - p)^n \quad \text{bzw.} \quad 1 - (1 - p)^n \,.$$

Die gestellten Forderungen sind

$$(1 - 0{,}01)^n \geqq 0{,}90 \quad \text{und} \quad 1 - (1 - 0{,}03)^n \geqq 0{,}90 \, ,$$

was zunächst zu

$$n \log 0{,}99 \geqq \log 0{,}90 \quad \text{und} \quad n \log 0{,}97 \leqq \log 0{,}10$$

umgeformt werden kann und wegen der Negativität von $\log 0{,}99$ und $\log 0{,}97$ zu

$$\frac{\log 0{,}10}{\log 0{,}97} \leqq n \leqq \frac{\log 0{,}90}{\log 0{,}99}$$

äquivalent ist. Die numerische Auswertung der beiden Schranken liefert die unerfüllbare Bedingung

$$75{,}60 \leqq n \leqq 10{,}48 \, .$$

Obige Forderungen sind durch keine Stichprobenkontrolle des gegebenen Typs simultan erfüllbar.

Lösung zu Aufgabe 2.8

a) Die gesuchte Wahrscheinlichkeit ist identisch mit derjenigen, dass D gegen C gewinnt. Nach Prämisse ist diese Wahrscheinlichkeit gleich 0,7.

b) Das Ereignis „D und A kommen ins Endspiel" ist äquivalent zu dem Ereignis „D gewinnt gegen C und A gewinnt gegen B", sodass sich wegen der vorausgesetzten Unabhängigkeit der Ereignisse die Wahrscheinlichkeit $0{,}7 \cdot 0{,}4 = 0{,}28$ ergibt.

c) Die in Teil b) errechnete Wahrscheinlichkeit muss noch mit der Wahrscheinlichkeit, dass D gegen A gewinnt ($= 0{,}6$), multipliziert werden:

$$0{,}28 \cdot 0{,}6 = 0{,}168 \, .$$

d) Platz 1 wird genau dann erreicht, wenn D und A ins Endspiel kommen und D dann gewinnt oder wenn D und B ins Endspiel kommen und D dann gewinnt. Unter Verwendung der gegebenen und bereits berechneten Wahrscheinlichkeiten erhält man

$$0{,}168 + 0{,}7 \cdot 0{,}6 \cdot 0{,}5 = 0{,}378$$

als Wahrscheinlichkeit dafür, dass D den ersten Platz erreichen wird. Analog ergeben sich die anderen Platzierungswahrscheinlichkeiten:

$$0{,}322 \text{ für Platz 2}, \quad 0{,}168 \text{ für Platz 3} \quad \text{und} \quad 0{,}132 \text{ für Platz 4} \, .$$

Lösung zu Aufgabe 2.9*

a) Die Wahrscheinlichkeit p_j, dass der potenzielle Käufer genau j Hefte mit der Werbebotschaft liest, ergibt sich aus der hypergeometrischen Verteilung gemäß

$$p_j = \frac{\binom{4}{j}\binom{6}{3-j}}{\binom{10}{3}};$$

d. h. es ist $p_0 = \frac{1}{6}$, $p_1 = \frac{1}{2}$, $p_2 = \frac{3}{10}$ und $p_3 = \frac{1}{30}$.

b) Bei gegebener Anzahl j von gelesenen Heften mit der Werbebotschaft ist die Anzahl der bewusst registrierten Werbebotschaften binomialverteilt mit dem Parameter j und $\frac{1}{2}$. Es ist demnach (für $i \leq j$)

$$P(A_i|B_j) = \binom{j}{i}\left(\tfrac{1}{2}\right)^i \left(\tfrac{1}{2}\right)^{j-i} = \binom{j}{i}\left(\tfrac{1}{2}\right)^j,$$

wobei B_j das Ereignis bedeutet, dass genau j Hefte mit der Werbebotschaft gelesen werden. Nach dem Satz von der totalen Wahrscheinlichkeit gilt

$$P(A_i) = \sum_{j=i}^{3} P(A_i|B_j) \cdot P(B_j) = \sum_{j=i}^{3} \binom{j}{i}\left(\tfrac{1}{2}\right)^j p_j$$

sowie

$$P(\text{Kauf}) = \sum_{i=0}^{3} P(\text{Kauf}|A_i) \cdot P(A_i) = \sum_{i=0}^{3} \tfrac{i}{10} \cdot P(A_i).$$

Das Einsetzen der in Teil a) errechneten Wahrscheinlichkeiten p_j liefert

$$P(A_0) = \tfrac{119}{240}, \quad P(A_1) = \tfrac{99}{240}, \quad P(A_2) = \tfrac{21}{240} \quad \text{und} \quad P(A_3) = \tfrac{1}{240}$$

sowie

$$P(\text{Kauf}) = \tfrac{1}{10} \sum_{i=0}^{3} iP(A_i) = \tfrac{144}{2\,400} = 0{,}06.$$

c) Nun ist

$$P(A_i|B_j) = \binom{j}{i}\left(\tfrac{1}{4}\right)^i \left(\tfrac{3}{4}\right)^{j-i},$$

sodass sich jetzt

$$P(A_0) = \tfrac{1\,391}{30 \cdot 64}, \quad P(A_1) = \tfrac{483}{30 \cdot 64}, \quad P(A_2) = \tfrac{45}{30 \cdot 64} \quad \text{und} \quad P(A_3) = \tfrac{1}{30 \cdot 64}$$

sowie

$$P(\text{Kauf}) = \tfrac{1}{10} \sum_{i=0}^{3} iP(A_i) = \tfrac{576}{10 \cdot 30 \cdot 64} = 0{,}03$$

ergeben. Insbesondere halbiert sich die Kaufwahrscheinlichkeit.

Bemerkungen:

- Die Berechnungen in den Teilen b) und c) sowie das Zustandekommen der Kaufentscheidung kann man sich an folgendem (andeutungsweise skizzierten) Ereignisbaum veranschaulichen:

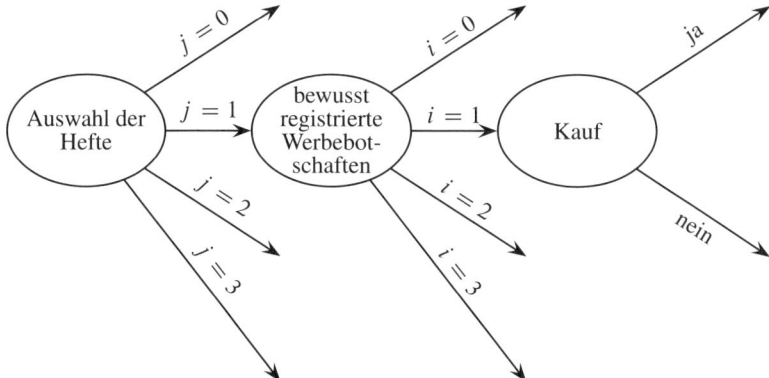

- Ein alternativer Weg zur Berechnung der in den Teilen b) und c) gesuchten Kaufwahrscheinlichkeiten geht von der Tatsache aus, dass sich die Kaufwahrscheinlichkeit als Erwartungswert der Indikatorvariablen

$$K = \begin{cases} 1, & \text{falls ein Kauf erfolgt} \\ 0, & \text{sonst} \end{cases}$$

darstellen lässt und dass Erwartungswerte die folgende Eigenschaft besitzen:

> Man kann einen Erwartungswert $E(X)$ sukzessive berechnen, indem man die (möglicherweise einfacher zu berechnenden) bedingten Erwartungswerte von X berechnet und danach die Erwartungswertbildung bezüglich der Bedingungen vornimmt.

In unserem Fall ist diese Berechnungsweise vorteilhaft. Sie beinhaltet eine dreistufige Erwartungswertbildung, da auf die dichotome Entscheidung (Kauf, Nichtkauf) die Realisation i der Anzahl der bewusst registrierten Werbebotschaften einwirkt und auf diese wiederum die Realisation j der Anzahl der gelesenen Hefte mit platzierter Werbebotschaft.

Bei gegebenem (i, j) gilt $E(K) = \frac{i}{10}$, womit der erste Schritt bereits erledigt ist. Für den zweiten Schritt muss man sich daran erinnern, dass die Realisationen i bei gegebenem j von einer $B(j; \frac{1}{2})$- bzw. $B(j; \frac{1}{4})$-Verteilung generiert werden, sodass die nächste Erwartungswertbildung $\frac{1}{10} \cdot j \cdot \frac{1}{2}$ bzw. $\frac{1}{10} \cdot j \cdot \frac{1}{4}$ liefert. Berücksichtigt man schließlich, dass j von einer hypergeometrischen Verteilung generiert wird, so ergibt sich im dritten Schritt als gesuchte Kaufwahrscheinlichkeit

$$\frac{1}{10} \cdot \frac{1}{2} \cdot \frac{4}{10} \cdot 3 = 0{,}06 \quad \text{bzw.} \quad \frac{1}{10} \cdot \frac{1}{4} \cdot \frac{4}{10} \cdot 3 = 0{,}03 \ .$$

Lösung zu Aufgabe 2.10

a)

$$\text{Zahlung } X = 100\,000 \cdot \begin{cases} 0 & \text{mit Wahrscheinlichkeit } 0{,}994 \\ 1 & \text{mit Wahrscheinlichkeit } 0{,}006 \, , \end{cases}$$

$$\text{E}(X) = 100\,000 \cdot 0{,}006 = 600 \text{ Euro} \, ,$$

$$\text{Prämie} = 1{,}3\text{E}(X) = 780 \text{ Euro} \, .$$

b)

$$G = 780 - X \, ,$$
$$\text{E}(G) = 180 \, ,$$
$$\sigma^2 = \text{Var}(X) = 100\,000^2 \cdot 0{,}006 \cdot 0{,}994 = 0{,}005964 \cdot 10^{10} \, ,$$
$$\sigma = \sqrt{59\,640\,000} \approx 7\,723 \, ,$$
$$3\sigma \approx 23\,169 \, .$$

Der Drei-Sigma-Bereich von G ist $180 \pm 23\,169$, d. h. $[-22\,989; 23\,349]$.
Insbesondere enthält er negative Werte.

c)

$$\text{E}(G_1 + \cdots + G_{500\,000}) = 50\,000 \cdot 180 = 9\,000\,000 \, ,$$
$$\text{Var}(G_1 + \cdots + G_{500\,000}) = 50\,000 \cdot 10^{10} \cdot 0{,}005964$$
$$= 2{,}982 \cdot 10^{12} \, .$$

Nun ist der Drei-Sigma-Bereich $[3\,819\,459; 14\,180\,541]$.
Insbesondere liegt er ganz im positiven Bereich (Ausgleich im Kollektiv!).

Lösung zu Aufgabe 2.11

a) Der Ertrag vor Fremdkapitalzinsen ist

$$(EK + FK)X \, ,$$

sodass die Eigenkapitalrendite definitionsgemäß beträgt:

$$Y = \frac{(EK + FK)X - 0{,}06FK}{EK}$$
$$= \left(1 + \frac{FK}{EK}\right)X - 0{,}06 \cdot \frac{FK}{EK} = (1 + v)X - 0{,}06v \, .$$

Mit dem speziellen Verschuldungsgrad $v = 2$ erhält man demnach

$$Y = 3X - 0{,}12 \; ;$$
$$E(Y) = 3E(X) - 0{,}12 = 0{,}24 - 0{,}12 = 0{,}12 \; ;$$
$$\mathrm{Var}(Y) = 9\mathrm{Var}(X) = 0{,}0036 \; .$$

Infolgedessen ist die Standardabweichung von Y gleich $0{,}06$.

b) Wegen der Symmetrie und Stetigkeit von X gilt $P(X \geqq 0{,}08) = 0{,}5$. Folglich ist

$$\begin{aligned}
P(Y \geqq 0{,}12) &= P(3X - 0{,}12 \geqq 0{,}12) \\
&= P(3X \geqq 0{,}24) \\
&= P(X \geqq 0{,}08) = 0{,}5 \; .
\end{aligned}$$

Lösung zu Aufgabe 2.12

Ist Z der Gewinnanteil eines Kommanditisten, so gilt die Aufteilungsbedingung

$$5Z + 3Z = X, \quad \text{d.h.} \quad Z = \tfrac{1}{8} \cdot X \; .$$

a) Das Nettoeinkommen eines Kommanditisten ist demnach

$$Y = 0{,}55Z = \tfrac{0{,}55}{8} \cdot X \; ,$$

sodass

$$E(Y) = \tfrac{0{,}55}{8} \cdot E(X) = \tfrac{0{,}55}{8} \cdot 1\,200\,000 = 82\,500$$

und

$$\sqrt{\mathrm{Var}(Y)} = \tfrac{0{,}55}{8} \cdot \sqrt{\mathrm{Var}(X)} = \tfrac{0{,}55}{8} \cdot 100\,000 = 6\,875$$

gilt. Der Zwei-Sigma-Bereich ist

$$[68\,750; 96\,250] \; .$$

b) Das Nettoeinkommen des Komplementärs ist $0{,}44 \cdot \tfrac{3X}{8}$, sodass der Erwartungswert $198\,000$ beträgt und der Zwei-Sigma-Bereich mit dem Intervall

$$[165\,000; 231\,000]$$

identisch ist.

Lösung zu Aufgabe 2.13

Der Schadenserwartungswert ist

$$E(X) = 0 \cdot 0{,}970 + 10^5 \cdot 0{,}025 + 10^6 \cdot 0{,}005 = 7\,500 \,,$$

die Schadensvarianz beträgt

$$\begin{aligned}
\text{Var}(X) &= E(X^2) - [E(X)]^2 \\
&= 10^{10} \cdot 0{,}025 + 10^{12} \cdot 0{,}005 - 7\,500^2 \\
&= 5\,193\,750\,000 \,,
\end{aligned}$$

und die Standardabweichung entsprechend $\sqrt{\text{Var}(X)} = 72\,068$. Infolgedessen ergeben sich als kalkulierte Prämien

a) $\pi = 1{,}2 \cdot 7\,500 = 9\,000$ und
b) $\pi = 7\,500 + \frac{72\,068}{20} = 11\,103{,}40.$

Lösung zu Aufgabe 2.14

a) Erwartungswert und Varianz sind

$$\begin{aligned}
E(G) &= E(X) - 80\,000\,000 = 32\,000\,000 \,, \\
\text{Var}(G) &= \text{Var}(X) \,.
\end{aligned}$$

b) Der Überschuss nach Zahlung des fixen Lohnbestandteils ist

$$X - 2\,000 \cdot 36\,000 = X - 72\,000\,000 \text{ Euro} \,.$$

Davon gehen 20 % an die Arbeitnehmerschaft; 80 % bleiben den Eignern, sodass sich der Gewinn gemäß

$$G = 0{,}8(X - 72\,000\,000)$$

berechnet. Infolgedessen ist nun

$$\begin{aligned}
E(G) &= 0{,}8[E(X) - 72\,000\,000] = 0{,}8 \cdot 40\,000\,000 = 32\,000\,000 \,, \\
\text{Var}(G) &= 0{,}64\,\text{Var}(X) \,.
\end{aligned}$$

Für die Unternehmung wurde das Risiko (gemessen durch die Varianz) geringer. Der Gewinnerwartungswert wurde dabei nicht beeinflusst.

Lösung zu Aufgabe 2.15

Die Rendite X besitzt die Wahrscheinlichkeitsfunktion

x	$-0,02$	$-0,01$	$0,00$	$0,01$	$0,02$	$\cdots$	$0,12$
$f(x)$	$\frac{1}{15}$	$\frac{1}{15}$	$\frac{1}{15}$	$\frac{1}{15}$	$\frac{1}{15}$	$\cdots$	$\frac{1}{15}$

und den Erwartungswert $\frac{0,75}{15} = 5\,\%$.

a) Die Semivarianz bzgl. $t = 0,03$ ist

$$\frac{1}{15} \cdot \left[\left(\tfrac{5}{100}\right)^2 + \left(\tfrac{4}{100}\right)^2 + \left(\tfrac{3}{100}\right)^2 + \left(\tfrac{2}{100}\right)^2 + \left(\tfrac{1}{100}\right)^2 \right] = \frac{55}{15 \cdot 10^4} = 3,67 \cdot 10^{-4},$$

sodass die Semistandardabweichung $1,92\,\%$ beträgt.

b) Wegen $\mathrm{E}(X) = 0,05$ ist

$$\frac{1}{15} \cdot (0,07^2 + 0,06^2 + \cdots + 0,01^2) = 9,33 \cdot 10^{-4}$$

die Semivarianz und entsprechend $3,05\,\%$ die Semistandardabweichung.

Lösung zu Aufgabe 2.16

Schickt er n Bewerbungsschreiben ab, so ist (Unabhängigkeit der Zu- oder Absageprozedur unterstellt) die Zufallsvariable $X = $ „Anzahl der positiven Antworten" binomialverteilt mit den Parametern n und $p = 0,2$.

a) Gesucht ist n so, dass

$$P(X \geqq 1) = 1 - P(X = 0) \geqq 0,95 \quad \text{bzw.} \quad P(X = 0) \leqq 0,05 .$$

Wegen

$$P(X = 0) = \binom{n}{0} 0,2^0 \cdot 0,8^n = 0,8^n$$

ist die Gleichung $0,8^n = 0,05$ nach n aufzulösen und auf die nächste ganze Zahl aufzurunden. Die Auflösung (durch Logarithmieren) liefert

$$n = \frac{\log 0,05}{\log 0,8} = 13,43 .$$

Er muss demnach 14 Bewerbungsschreiben absenden.

b) Da die Wahrscheinlichkeit für ausschließlich negative Antworten $0,8^n$ beträgt und dieser Term stets positiv bleibt, gibt es keine Anzahl n, die die Forderung nach sicherer Zusage gewährleisten kann.

Lösung zu Aufgabe 2.17*

a) Bei einer Gruppengröße n sind zunächst $\frac{N}{n}$ Tests für die gemischten Blutproben erforderlich. Pro Gruppe ist die zusätzliche Anzahl der Tests eine zweiwertige Zufallsvariable

$$X_i = \begin{cases} 0, & \text{falls negativer Befund} \\ n, & \text{falls positiver Befund} \end{cases}$$

mit dem Erwartungswert $n[1-(1-p)^n]$. Damit ergibt sich als erwartete Anzahl erforderlicher Tests

$$\begin{aligned} \frac{N}{n} + E(X_1) + \cdots + E(X_{\frac{N}{n}}) &= \frac{N}{n} + \frac{N}{n} \cdot n[1-(1-p)^n] \\ &= \frac{N}{n} + N[1-(1-p)^n] \,. \end{aligned}$$

b) $n = 100$ führt zu $\quad 10^4 + 10^6(1-0{,}999^{100}) = 105\,208$ erwarteten Tests;

$n = 50$ führt zu $2 \cdot 10^4 + 10^6(1-0{,}999^{50}) = 68\,794$ erwarteten Tests;

$n = 25$ führt zu $4 \cdot 10^4 + 10^6(1-0{,}999^{25}) = 64\,702$ erwarteten Tests.

Lösung zu Aufgabe 2.18

a) Eine Zielperson wird X-mal erreicht, wobei X einer hypergeometrischen Verteilung mit den Parametern $N = 24$, $M = 4$, $n = 5$ genügt. Aus

$$f(x) = P(X = x) = \frac{\binom{4}{x}\binom{20}{5-x}}{\binom{24}{5}}$$

erhält man

x	0	1	2	3	4
$f(x)$	0,36	0,46	0,16	0,02	0,00

b) Nun ist X binomialverteilt mit den Parametern $n = 5$ und $p = \frac{1}{6}$. Mit

$$f(x) = P(X = x) = \binom{5}{x}\left(\frac{1}{6}\right)^x\left(\frac{5}{6}\right)^{5-x}$$

ergibt sich

x	0	1	2	3	4
$f(x)$	0,40	0,40	0,16	0,03	0,00

Im Gegensatz zur Situation in Teil a) ist $x = 5$ (theoretisch) realisierbar.

c) X werde als poissonverteilte Zufallsvariable betrachtet, wobei der Poissonparameter als Produkt $5 \cdot \frac{1}{6} = 0{,}8\bar{3}$ angesetzt wird. Damit gilt:

$$f(x) = P(X = x) = \frac{\left(\frac{5}{6}\right)^x e^{-5/6}}{x!} \; ,$$

x	0	1	2	3	4
$f(x)$	0,43	0,36	0,15	0,04	0,01
$f_{0,8}(x)$	0,45	0,36	0,14	0,04	0,01

Die letzte Tabellenzeile wurde aus der Poissonvertafelung (siehe Tabelle A.2) mit dem nächsten berücksichtigten Parameter $\lambda = 0{,}8$ gewonnen.

Lösung zu Aufgabe 2.19

Der Kapitalwert ist definitionsgemäß

$$K = -A_0 + \frac{X_1 - A_1}{1{,}1} + \frac{X_2 - A_2}{1{,}21} \; .$$

a)

$$E(K) = -A_0 + \frac{E(X_1) - E(A_1)}{1{,}1} + \frac{E(X_2) - E(A_2)}{1{,}21} = -1 + \frac{0{,}8 - 0{,}1}{1{,}1} + \frac{0{,}8 - 0{,}1}{1{,}21}$$
$$= 0{,}214876 \text{ (in } 10^6 \text{ Euro)} = 214\,876 \text{ Euro} \; .$$

b)

$$K_{\min} = -1 + \frac{0{,}6 - 0{,}15}{1{,}1} + \frac{0{,}6 - 0{,}15}{1{,}21}$$
$$= -0{,}219008 \text{ (in } 10^6 \text{ Euro)} = -219\,008 \text{ Euro} \; .$$

Die Eintrittswahrscheinlichkeit beträgt $\frac{1}{2} \cdot \frac{1}{2} \cdot \frac{1}{4} \cdot \frac{1}{4} = \frac{1}{64} = 1{,}56\,\%$.

Lösung zu Aufgabe 2.20

a) Das fragliche Ereignis tritt genau dann ein, wenn die ersten $x - 1$ Kandidaten ungeeignet sind und der x-te Kandidat tatsächlich geeignet ist. Die Wahrscheinlichkeit ist demnach

$$f(x) = 0{,}9^{x-1} \cdot 0{,}1 = \frac{0{,}1}{0{,}9} \cdot 0{,}9^x \; .$$

b) Der erwartete Zeitaufwand beträgt

$$\sum_{x=1}^{\infty} x f(x) = \frac{0{,}1}{0{,}9} \sum_{x=1}^{\infty} x \cdot 0{,}9^x = \frac{0{,}1}{0{,}9} \cdot \frac{0{,}9}{0{,}1^2} = 10 \text{ Stunden} \; .$$

Bemerkung: Die in Teil a) gefundene Wahrscheinlichkeitsfunktion besitzt die Form einer geometrischen Folge. Bezeichnen wir die dazugehörige Zufallsvariable mit X, so nimmt X die Werte $1, 2, \ldots$ an. Da man mindestens ein Vorstellungsgespräch benötigt, kann man den Sachverhalt auch durch die Anzahl Y der zusätzlich erforderlichen Vorstellungsgespräche charakterisieren. Es gilt natürlich $Y = X - 1$, sodass Y die Wahrscheinlichkeitsfunktion

$$g(y) = P(Y = y) = P(X - 1 = y) = P(X = y + 1)$$
$$= \frac{0{,}1}{0{,}9} \cdot 0{,}9^{y+1} = 0{,}1 \cdot 0{,}9^y$$

besitzt. Ersetzt man $0{,}1$ durch eine beliebige „Erfolgswahrscheinlichkeit" p, so erhält man die Wahrscheinlichkeitsfunktion

$$g(y) = p(1 - p)^y \quad \text{für} \quad y = 0, 1, \ldots$$

einer **geometrisch verteilten** Zufallsvariablen Y (mit Erfolgswahrscheinlichkeit p).

Lösung zu Aufgabe 2.21

Das Ereignis $Y = y$ tritt genau dann ein, wenn der zweite geeignete Kandidat im $(y + 2)$-ten Vorstellungsgespräch gefunden wird. Der erste geeignete Kandidat muss infolgedessen in einem der $y + 1$ vorangegangenen Vorstellungsgespräche entdeckt worden sein. Wird er speziell im ersten Vorstellungsgespräch entdeckt, so ergibt sich die Wahrscheinlichkeit

$$0{,}1 \underbrace{\cdot 0{,}9 \cdot \ldots \cdot 0{,}9}_{y\text{-mal}} \cdot 0{,}1 = 0{,}1^2 \cdot 0{,}9^y \, .$$

Da der erste geeignete Kandidat auch im zweiten, dritten, $\ldots$, $(y+1)$-ten Vorstellungsgespräch entdeckt werden kann, multipliziert sich obige Wahrscheinlichkeit noch mit dem Faktor $y + 1$. Die Wahrscheinlichkeitsfunktion ist demnach

$$g(y) = (y + 1) \cdot 0{,}1^2 \cdot 0{,}9^y \, .$$

Lösung zu Aufgabe 2.22

a) Die Zufallsvariable

$$X = \text{Anzahl falscher Alarme pro Jahr}$$

ist exakt binomialverteilt mit den Parametern $n = 1\,000$ und $p = 0{,}0005$.

b) In guter Annäherung (vgl. Tabelle A.8) ist X poissonverteilt mit dem Parameter $\lambda = 1\,000 \cdot 0,0005 = 0,5$. Infolgedessen ist

$$P(X \geqq 1) = 1 - P(X = 0) \approx 1 - \tfrac{0,5^0}{0!} \cdot e^{-0,5}$$
$$= 1 - \tfrac{1}{\sqrt{e}} = 1 - 0,61 = 0,39 \,.$$

c) Die erwartete Anzahl beträgt jetzt $E(X) = 1\,000 \cdot 0,001 = 1$. Sie hat sich gegenüber vorher verdoppelt. (Diese Aussage gilt sowohl bzgl. der exakten Verteilung als auch bzgl. der Poisson-Approximation.) Die Wahrscheinlichkeit $P(X \geqq 1)$ verdoppelt sich dagegen nicht. Sie beträgt nun

$$P(X \geqq 1) = 1 - P(X = 0) \approx 1 - \tfrac{1^0}{0!} \cdot e^{-1} = 1 - \tfrac{1}{e} = 0,63$$

und damit weniger als das Doppelte der in Teil b) errechneten Wahrscheinlichkeit.

Lösung zu Aufgabe 2.23

Es ist
$$P(G = 150\,000) = 0,10 + 0,15 = 0,25 \,;$$
$$P(G = 350\,000) = 0,10 + 0,05 = 0,15 \,.$$

Für Gehaltszahlungen zwischen diesen Extremwerten gilt vertragsgemäß $g = a + bx$ mit $150\,000 = a + b \cdot 10^7$ und $350\,000 = a + b \cdot 3 \cdot 10^7$, woraus $200\,000 = 2b \cdot 10^7$, d. h. $b = \tfrac{1}{100}$, und $a = 150\,000 - b \cdot 10^7 = 50\,000$ folgt, also $g = 50\,000 + \tfrac{x}{100}$. Somit erhält man weiter:

$$P(G = 200\,000) = P(X = 1,5 \cdot 10^7) = 0,20 \,;$$
$$P(G = 250\,000) = P(X = 2 \quad \cdot 10^7) = 0,25 \,;$$
$$P(G = 300\,000) = P(X = 2,5 \cdot 10^7) = 0,15 \,.$$

Lösung zu Aufgabe 2.24

X hat die Verteilungsfunktion

$$F(x) = \begin{cases} 1 - e^{-\lambda x}, & \text{falls } x \geqq 0 \\ 0, & \text{sonst} \,. \end{cases}$$

a) $E(X) = \tfrac{1}{\lambda} = 10^6$ Betriebsstunden.
b) $P(X \leqq 10^6) = 1 - e^{-10^6 \cdot 10^{-6}} = 1 - e^{-1} = 0,63$.

c) Bezeichnet X_i die Zeit bis zum Auftreten des ersten Fehlers der i-ten Speicherzelle, so ist

$$Y > x$$

gleichwertig zu

$$X_i > x \quad \text{für} \quad i = 1, \ldots, 2^{24}.$$

Wegen der vorausgesetzten Unabhängigkeit gilt somit

$$P(Y > x) = P(X_1 > x) \cdot P(X_2 > x) \cdot \ldots \cdot P(X_n > x)$$
$$= (e^{-\lambda x})^n = e^{-\lambda n x}.$$

Also hat Y die Verteilungsfunktion

$$G(x) = P(Y \leqq x) = 1 - e^{-\lambda n x},$$

sodass Y exponentialverteilt ist mit dem Parameter

$$\lambda n = 2^{24} \cdot 10^{-6}.$$

Infolgedessen ist $E(Y) = \frac{1}{\lambda n} = 10^6 \cdot 2^{-24} = 0{,}0596$ Betriebsstunden bzw. 3,58 Betriebsminuten.

Lösung zu Aufgabe 2.25

Der Gewinn

$$X = 9\,000\,000 - (K_1 + \cdots + K_5)$$

ist normalverteilt mit

$$E(X) = 9\,000\,000 - \sum_{i=1}^{5} \mu_i = 9\,000\,000 - 7\,000\,000 = 2\,000\,000,$$
$$\text{Var}(X) = \sum_{i=1}^{5} \text{Var}(K_i) = 5 \cdot 100\,000^2 = 5 \cdot 10^{10}.$$

a) $P(X > 2\,000\,000) = 1 - P(X \leqq 2\,000\,000) = 1 - \Phi(0) = 0{,}5.$

b)

$$P(X < 1\,500\,000) = \Phi\left(\frac{1\,500\,000 - 2\,000\,000}{\sqrt{5} \cdot 100\,000}\right) = \Phi(-\sqrt{5})$$
$$= 1 - \Phi(\sqrt{5}) = 1 - \Phi(2{,}24) = 1 - 0{,}9875 = 0{,}0125,$$

vgl. Tabelle A.3.

Lösung zu Aufgabe 2.26

a) Gesucht ist $P(X > 50\,000)$. Wegen

$$P(X > 50\,000) = 1 - F(50\,000) = 1 - \left(1 - \frac{25 \cdot 10^6}{25 \cdot 10^8}\right) = 0{,}01$$

beträgt die Wahrscheinlichkeit nur 1 %.

b) Die Dichtefunktion ist im Bereich $x > 5\,000$ gleich

$$f(x) = F'(x) = -25 \cdot 10^6 \cdot (-2)x^{-3} = \frac{5 \cdot 10^7}{x^3}\,.$$

Hieraus folgt

$$\mathrm{E}(X) = \int_{5\,000}^{\infty} x f(x)\, \mathrm{d}x = 5 \cdot 10^7 \int_{5\,000}^{\infty} \frac{x}{x^3}\, \mathrm{d}x$$

$$= 5 \cdot 10^7 \left[-\frac{1}{x}\right]_{5\,000}^{\infty} = 10\,000\,.$$

Lösung zu Aufgabe 2.27

Liquiditätsprobleme treten auf, wenn der Zahlungsüberschuss weniger als 1,5 Mio. Euro beträgt. Die Wahrscheinlichkeit hierfür ist

$$\int_{10^6}^{1{,}5\cdot 10^6} f(x)\, \mathrm{d}x = \frac{3}{4} \cdot 10^{-18} \int_{10^6}^{1{,}5\cdot 10^6} [x(b+a) - x^2 - ab]\, \mathrm{d}x$$

$$= \frac{3}{4} \cdot 10^{-18} \left[\frac{x^2}{2} \cdot (b+a) - \frac{x^3}{3} - abx\right]_{10^6}^{1{,}5\cdot 10^6}$$

$$= 1{,}56\,\%\,.$$

Bemerkung: Die in der Aufgabe verwendete Dichtefunktion definiert eine spezielle Beta-Verteilung. Die Klasse der **Beta-Verteilungen** über dem Intervall $[a;b]$ ist durch eine Dichtefunktion des Typs

$$f(x) = c(x - a)^{\alpha - 1} \cdot (b - x)^{\beta - 1}, \quad a < x < b \quad (f(x) = 0 \text{ sonst})$$

definiert, wobei c eine Normierungskonstante ist, und $\alpha > 0$, $\beta > 0$ die beiden Formparameter darstellen. In der Aufgabe war $\alpha = \beta = 2$. Setzt man $\alpha = \beta = 1$, so bekommt man die Gleichverteilung über $[a;b]$. Beta-Verteilungen werden häufig zur Modellierung von Vorgangsdauern im Rahmen der stochastischen Zeitplanung benutzt.

Lösung zu Aufgabe 2.28

Es ist zweckmäßig, zuerst die Verteilungsfunktion F von X zu ermitteln.

$$F(x) = P(X \leqq x) = P(\ln X \leqq \ln x) = \Phi\left(\frac{\ln x - \mu}{\sigma}\right),$$

wobei Φ die Verteilungsfunktion der Standardnormalverteilung ist. Unter Berücksichtigung der Kettenregel und der Tatsache, dass die Ableitung Φ' gleich der Standardnormalverteilungsdichte ist, folgt weiter

$$\begin{aligned}
f(x) &= F'(x)\\
&= \Phi'\left(\frac{\ln x - \mu}{\sigma}\right) \cdot \frac{1}{x\sigma}\\
&= \frac{1}{\sqrt{2\pi}} \cdot \exp\left\{-\frac{1}{2} \cdot \left(\frac{\ln x - \mu}{\sigma}\right)^2\right\} \cdot \frac{1}{x\sigma}\\
&= \frac{1}{x\sigma\sqrt{2\pi}} \cdot \exp\left\{-\frac{(\ln x - \mu)^2}{2\sigma^2}\right\} \quad \text{für} \quad x > 0\,.
\end{aligned}$$

Lösung zu Aufgabe 2.29

a)
$$E(X) = \int_0^{10} x\left(\frac{1}{5} - \frac{x}{50}\right)\, dx = \frac{10}{3} = 3{,}33\,.$$

b)
$$\begin{aligned}
\text{Var}(X) &= \int_0^{10} \left(x - \frac{10}{3}\right)^2 \left(\frac{1}{5} - \frac{x}{50}\right)\, dx\\
&= \int_0^{10} \left[-\frac{x^3}{50} + \frac{x^2}{3} - \frac{14}{9} \cdot x + \frac{20}{9}\right]\, dx = \frac{50}{9}\,,
\end{aligned}$$

$$\sqrt{\text{Var}(X)} = \frac{1}{3} \cdot \sqrt{50} = 2{,}36\,.$$

c) Die Verteilungsfunktion der Lieferfrist ist für $0 \leqq x \leqq 10$ gleich

$$F(x) = \int_0^x \left(\frac{1}{5} - \frac{t}{50}\right)\, dt = \frac{x}{5} - \frac{x^2}{100}\,.$$

$F(x) = 0{,}5$ liefert $x = 10 - \sqrt{50} = 2{,}93$ als Median.

d) Die Bedingung $F(x) = 0{,}9$ liefert $x = 6{,}84$; d. h. mit 90-prozentiger Sicherheit treffen die georderten Anlasser spätestens nach 6,84 Stunden im PKW-Werk ein.

Lösung zu Aufgabe 2.30

a) Nachdem die Fläche unterhalb des Graphen von $f(x)$ gleich eins sein muss, gilt:

$$1 = \int_{x_0}^{\infty} \frac{c}{x^{\alpha+1}}\, dx = \left[c \cdot \frac{1}{-\alpha - 1 + 1} \cdot x^{-\alpha - 1 + 1} \right]_{x_0}^{\infty} = \frac{c}{\alpha} \cdot x_0^{-\alpha}\,,$$

woraus sich $c = \alpha x_0^{\alpha}$ ergibt.

b)

$$F(x) = \int_{x_0}^{x} \frac{\alpha x_0^{\alpha}}{t^{\alpha+1}}\, dt = 1 - \left(\frac{x_0}{x} \right)^{\alpha} \qquad (\text{für } x \geqq x_0)\,.$$

c)

$$P(X > 10\,000 | X \geqq 5\,000) = \frac{P(X > 10\,000)}{P(X \geqq 5\,000)}$$

$$= \frac{1 - (1 - \frac{1}{10})}{1 - (1 - \frac{1}{5})} = \frac{1}{2}\,.$$

Bemerkung: Die in dieser Aufgabe betrachtete Wahrscheinlichkeitsverteilung heißt **Pareto-Verteilung** mit den Parametern $\alpha > 0$ und $x_0 > 0$.

Lösung zu Aufgabe 2.31

a) Der Gewinn G ergibt sich gemäß

$$G = \hat{g} + p(\hat{c} - C)$$

als lineare Transformation einer gleichverteilten Zufallsvariablen und ist deshalb selbst wieder gleichverteilt. (Dies kann man natürlich auch mittels der linear verlaufenden Verteilungsfunktion von C begründen.) Das für G relevante Intervall ist

$$[\hat{g} + p(\hat{c} - 2 \cdot 10^7); \hat{g} + p(\hat{c} - 10^7)]\,.$$

b) Das Intervall spezialisiert sich auf

$$[-0{,}2 \cdot 10^6; 2{,}8 \cdot 10^6]$$

und hat die Länge $3 \cdot 10^6$. Infolgedessen ist

$$P(G < 0) = \frac{0{,}2}{3} = 6{,}67\,\%\,,$$
$$P(G > 2 \cdot 10^6) = \frac{0{,}8}{3} = 26{,}67\,\%\,.$$

Lösung zu Aufgabe 2.32

a)
$$E(X) = \int_0^{3\,000} x f(x)\,dx = \left[\frac{2}{3} \cdot 10^{-6} \cdot \frac{x^3}{3} - \frac{2}{9} \cdot 10^{-9} \cdot \frac{x^4}{4}\right]_0^{3\,000}$$
$$= 1\,500\,.$$

Da $f(x)$ konkav ist und Randmaxima ausscheiden, kann der Modalwert aus $f'(x) = 0$ berechnet werden. Es ergibt sich ebenfalls der Wert 1 500.

b)
$$P(X \leqq 2\,000) = \int_0^{2\,000} \left(\frac{2}{3} \cdot 10^{-6} \cdot x - \frac{2}{9} \cdot 10^{-9} \cdot x^2\right) dx = \frac{20}{27}$$
$$= 0{,}74\,.$$

Der Grad der Lieferbereitschaft beträgt demnach 74 %.

Lösung zu Aufgabe 2.33*

a) Der Gewinn

$$G = Z + R - 500\,000(1 + 0{,}08) = Z + R - 540\,000$$

ist im Wesentlichen durch die Summe (= Faltung) der beiden Zufallsvariablen Z und R bestimmt. Die Verteilungsfunktion dieser Summe ergibt sich aus der folgenden Skizze:

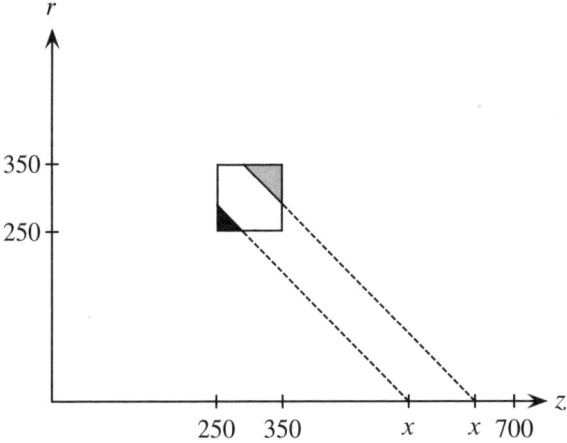

r und z sind jeweils in 10^3 Euro gemessen. Die zweidimensionale Zufallsvariable (Z, R) hat das eingezeichnete Quadrat als Wertebereich. Die Dichtefunktion

$f(z,r)$ ist dort konstant,

$$f(z,r) = 10^{-5} \cdot 10^{-5} = 10^{-10}.$$

Für $500\,000 < x \leqq 600\,000$ gilt:

$$P(Z + R \leqq x) = 10^{-10} \cdot \text{Fläche des schwarz markierten Dreiecks}$$
$$= 10^{-10} \cdot \frac{(x - 500\,000)^2}{2}.$$

Für $600\,000 < x \leqq 700\,000$ gilt:

$$P(Z + R \leqq x) = 1 - 10^{-10} \cdot \text{Fläche des grau markierten Dreiecks}$$
$$= 1 - 10^{-10} \cdot \frac{(700\,000 - x)^2}{2}.$$

Damit besitzt $Z + R$ die Verteilungsfunktion

$$F(x) = \begin{cases} 0 & \text{für} & x \leqq 500\,000 \\[2mm] \dfrac{(x - 500\,000)^2}{2} \cdot 10^{-10} & \text{für } 500\,000 < x \leqq 600\,000 \\[2mm] 1 - \dfrac{(700\,000 - x)^2}{2} \cdot 10^{-10} & \text{für } 600\,000 < x \leqq 700\,000 \\[2mm] 1 & \text{für } 700\,000 \leqq x. \end{cases}$$

Die Verteilungsfunktion $\tilde{F}$ des Gewinns G ergibt sich wegen

$$P(G \leqq g) = P(Z + R \leqq g + 540\,000)$$

als $\tilde{F}(g) = F(g + 540\,000)$.

b) Es ist

$$P(G > 100\,000) = 1 - P(G \leqq 100\,000)$$
$$= 1 - \tilde{F}(100\,000) = 1 - F(640\,000)$$
$$= 1 - \left(1 - 10^{-10} \cdot \frac{60\,000^2}{2}\right)$$
$$= 10^{-10} \cdot \frac{36 \cdot 10^8}{2} = 0{,}18.$$

Mit einer Wahrscheinlichkeit von $18\,\%$ fällt der Gewinn höher als $100\,000$ Euro aus.

Bemerkung: Die Ableitung der beiden Zweige der Verteilungsfunktion führt zu einer stückweise linearen Dichtefunktion, deren grafische Darstellung (siehe unten) ein Dreieck liefert. Die Summenvariable $Z + R$ wird als **dreiecksverteilt** bezeichnet; diese Verteilungsform ergibt sich stets dann, wenn zwei unabhängige Zufallsvariablen, die über demselben Intervall gleichverteilt sind, addiert werden.

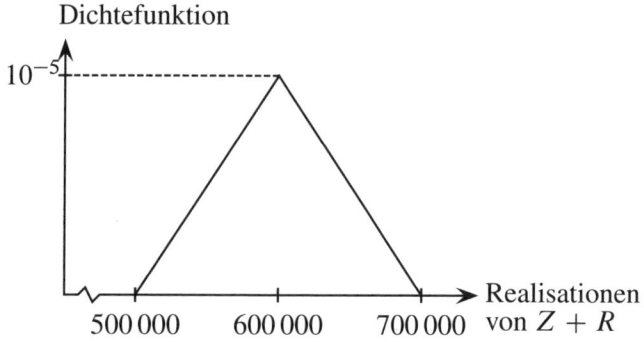

Lösung zu Aufgabe 2.34

Da $T(x)$ konvex ist, sind $-T(x)$ und somit auch die Nettoeinkommensfunktion

$$N(x) = x - T(x)$$

konkav. Die Jensensche Ungleichung liefert deshalb

$$E[N(X)] \leqq N[E(X)] .$$

Damit führt das risikobehaftete Einkommen X zu einem erwarteten Nettoeinkommen $E[N(X)]$, das höchstens dem mit dem sicheren Gehalt $E(X)$ verbundenen Nettoeinkommen $N[E(X)] = E(X) - T[E(X)]$ entspricht. Bis auf Sonderfälle (degenerierte Verteilung von X, geradlinige Teile von $T(x)$) präferiert Herr Müller das Fixgehalt.

Lösung zu Aufgabe 2.35

Gesucht ist $P(|X - 90| > 1)$. Wegen

$$E(X) = 90 \quad \text{und} \quad \text{Var}(X) = 0{,}15^2$$

liefert die Tschebyscheffsche Ungleichung die Aussage

$$P(|X - 90| > 1) \leqq \frac{\text{Var}(X)}{1^2} = 0{,}0225 .$$

Die Ausschusswahrscheinlichkeit beträgt demnach höchstens 2,25 %.

Lösung zu Aufgabe 2.36

Es ist

$$Z = 60\,000(1 + X) + 40\,000(1 + Y)$$
$$= 10^5 + 10^4 \cdot (6X + 4Y)\,,$$
$$\mathrm{E}(Z) = 10^5 + 10^4 \cdot (6 \cdot 0{,}08 + 4 \cdot 0{,}06)$$
$$= 10^5 + 10^4 \cdot 0{,}72 = 107\,200\,,$$
$$\mathrm{Var}(Z) = 10^8 \cdot (36\mathrm{Var}(X) + 16\mathrm{Var}(Y) + 2 \cdot 6 \cdot 4\mathrm{Cov}(X, Y))$$

sowohl bei Teil a) als auch bei Teil b).

a) Aus $\mathrm{Cov}(X, Y) = 0$ folgt

$$\mathrm{Var}(Z) = 10^8 \cdot (36 \cdot 0{,}0004 + 16 \cdot 0{,}0001) = 10^8 \cdot 0{,}016 = 1{,}6 \cdot 10^6\,.$$

Der Drei-Sigma-Bereich ist $[103\,405;\, 110\,995]$.

b) Für $\mathrm{Var}(Z)$ ergibt sich:

$$\mathrm{Var}(Z) = 10^8 \cdot (36 \cdot 0{,}0004 + 16 \cdot 0{,}0001 - 2 \cdot 6 \cdot 4 \cdot 0{,}3 \cdot 0{,}02 \cdot 0{,}01)$$
$$= 10^8 \cdot 0{,}01312 = 1{,}312 \cdot 10^6\,.$$

Der Drei-Sigma-Bereich ist $[103\,764;\, 110\,636]$. Aufgrund des Diversifikations-effektes ist er kleiner als im Falle a).

Lösung zu Aufgabe 2.37

a) Der Deckungsbeitrag besitzt ebenfalls eine Dreipunkt-Verteilung; auf die Realisationen 3, 4, 5 entfällt jeweils die Wahrscheinlichkeit $\frac{1}{3}$. Die Verteilung von X^* ergibt sich aus folgender aus der Unabhängigkeitsprämisse resultierenden Tabelle der gemeinsamen Wahrscheinlichkeitsfunktion $f(k, c)$

k \ c	5	6	7	$f_1(k)$
100 000	$\frac{1}{4}$	$\frac{1}{4}$	$\frac{1}{4}$	$\frac{3}{4}$
120 000	$\frac{1}{12}$	$\frac{1}{12}$	$\frac{1}{12}$	$\frac{1}{4}$
$f_2(c)$	$\frac{1}{3}$	$\frac{1}{3}$	$\frac{1}{3}$	1

Hieraus folgt

$$P(X^* = 20\,000) = P(X^* = 25\,000) = P(X^* = 33\,333) = \tfrac{1}{4}\,,$$
$$P(X^* = 24\,000) = P(X^* = 30\,000) = P(X^* = 40\,000) = \tfrac{1}{12}\,.$$

b) Trägt man in einer entsprechenden Tabelle die gegebenen Randwahrscheinlich-
keiten (die ja dieselben wie in Teil a) sind) sowie die nun unterstellten gemeinsamen Wahrscheinlichkeiten

$$P(K = 100\,000 \text{ und } C = 5) = \tfrac{1}{2},$$
$$P(K = 120\,000 \text{ und } C = 7) = \tfrac{1}{6}$$

ein, so erkennt man sofort, dass zum Beispiel

$$P(K = 120\,000 \text{ und } C = 5)$$

negativ (nämlich $\tfrac{1}{3} - \tfrac{1}{2}$) sein müsste. Die Angaben sind somit nicht kompatibel.

Lösung zu Aufgabe 2.38

Die Wahrscheinlichkeit dafür, dass die ersten 7 Stücke erste Wahl, die beiden nächsten
Stücke zweite Wahl und das zehnte Stück schließlich Ausschuss sind, beträgt

$$0{,}80^7 \cdot 0{,}15^2 \cdot 0{,}05^1\,.$$

Da es für das vorgegebene Ereignis nur auf die Anzahlen (7,2,1) und nicht auf die
Position innerhalb der Stichprobe ankommt, muss diese Wahrscheinlichkeit noch mit
dem Faktor

$$\frac{10!}{7! \cdot 2! \cdot 1!}\,,$$

der sich aus den Grundregeln der Kombinatorik ergibt, multipliziert werden. Damit
erhält man als gesuchte Wahrscheinlichkeit

$$\frac{10!}{7! \cdot 2! \cdot 1!} \cdot 0{,}80^7 \cdot 0{,}15^2 \cdot 0{,}05^1 = 360 \cdot 0{,}80^7 \cdot 0{,}15^2 \cdot 0{,}05 = 8{,}49\,\%\,.$$

Bemerkung: Dem Leser wird die enge Analogie zur Herleitung der Binomialverteilung sicher nicht entgangen sein. Statt mit einer dichotomen Grundgesamtheit haben
wir es hier mit einer trichotomen Grundgesamtheit zu tun. In nahe liegender Verallge-
meinerung kann man einen Zufallsvorgang betrachten, bei dem r verschiedene (und
sich gegenseitig ausschließende) Ereignisse auftreten können.

Wird dieser Zufallsvorgang n-mal unabhängig wiederholt und die Wahrscheinlichkeit berechnet, dass n_i-mal das Ereignis Nr. i auftritt ($i = 1, \ldots, r$), so ergibt sich
entsprechend

$$\frac{n!}{n_1! \cdot n_2! \cdot \ldots \cdot n_r!} \cdot p_1^{n_1} \cdot p_2^{n_2} \cdot \ldots \cdot p_r^{n_r}\,,$$

wobei p_i die Eintrittswahrscheinlichkeit für das Ereignis Nr. i bedeutet. Besitzen r (eindimensionale) Zufallsvariablen $X_1, \ldots, X_r$ die gemeinsame Wahrscheinlichkeitsfunktion

$$f(n_1, n_2, \ldots, n_r) = P(X_1 = n_1, \ldots, X_r = n_r) = \frac{n!}{n_1! \cdot \ldots \cdot n_r!} \cdot p_1^{n_1} \cdot \ldots \cdot p_r^{n_r}$$

für jedes r-Tupel $n_1, \ldots, n_r$ mit

$$n_1 + n_2 + \cdots + n_r = n, \quad n_i \geqq 0, \quad n_i \ \text{ganzzahlig},$$

so heißt $(X_1, \ldots, X_r)$ **multinomialverteilt** mit den Parametern $(n; p_1, \ldots, p_r)$. Wird beispielsweise aus der Gesamtheit der Bundesbürger eine Stichprobe (mit Zurücklegen) vom Umfang n gezogen und bedeutet p_i den Bevölkerungsanteil des i-ten Bundeslandes, so ist die Zufallsvariable $(X_1, \ldots, X_{16})$ multinomialverteilt, wenn X_i die Anzahl der aus dem i-ten Bundesland in die Stichprobe gelangten Personen bedeutet.

Lösung zu Aufgabe 2.39

Aufgrund der Vorgaben über die (ab 14:55 Uhr in Minuten gemessenen) Ankunftszeiten X und Y besitzt die zweidimensionale Zufallsvariable (X, Y) eine über $[0; 10] \times [0; 10]$ konstante Dichtefunktion ($= \frac{1}{10} \cdot \frac{1}{10}$). A und B treffen sich genau dann, wenn ein (x, y) aus der grau markierten Fläche im nachfolgend skizzierten Wertebereich der zweidimensionalen Zufallsvariablen (X, Y) realisiert wird.

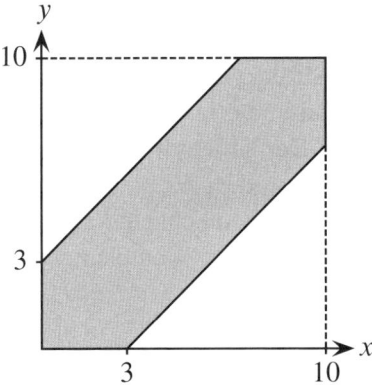

Da das komplementäre Ereignis zwei Dreiecken entspricht, ergibt sich die gesuchte Wahrscheinlichkeit (elementargeometrisch) als

$$P(\text{Treffen}) = 1 - \tfrac{1}{100} \cdot \left(\tfrac{7 \cdot 7}{2} + \tfrac{7 \cdot 7}{2} \right) = 1 - \tfrac{49}{100} = 51 \,\%.$$

Insbesondere ist die Vermutung von A und B unzutreffend.

Lösung zu Aufgabe 2.40*

a) Es ist

$$Y = \begin{cases} 0, & \text{falls } X \leqq 10^4 \\ X - 10^4, & \text{sonst} \end{cases}$$

und

$$E(X) = \tfrac{1}{\lambda} = 2 \cdot 10^6 \,.$$

Für $y > 0$ gilt deshalb

$$F(y) = P(Y \leqq y) = P(X - 10^4 \leqq y) = P(X \leqq 10^4 + y)$$
$$= 1 - \exp\left\{-\frac{10^4 + y}{2 \cdot 10^6}\right\} = 1 - e^{-0,005} \cdot e^{-y \cdot 5 \cdot 10^{-7}} \,.$$

Für $y < 0$ gilt $F(y) = 0$. An der Stelle $y = 0$ hat $F(y)$ demnach einen Sprung der Höhe

$$1 - e^{-0,005} = 0,005 \,,$$

bedingt durch das Faktum, dass der Industrie-Versicherer mit dieser positiven Wahrscheinlichkeit infolge des Selbstbehaltes keine Schadenszahlungen zu leisten hat. Somit ist Y weder stetig noch diskret verteilt.

b) Die Situation ist für den Rückversicherer analog wie in Teil a) für den Erstversicherer

$$Z = \begin{cases} 0, & \text{falls } X \leqq 4 \cdot 10^6 \\ X - 4 \cdot 10^6, & \text{sonst} \,. \end{cases}$$

Je nach Interpretation des Rückversicherungsvertrages könnte man bei der Definition von Z auch X durch die in Teil a) definierte Schadenszahlung Y des Erstversicherers ersetzen. Der Unterschied ist praktisch irrelevant. Wir werden obige Definition von Z verwenden.

Die Berechnung der Wahrscheinlichkeit $P(Z > 0)$ der gesetzten Bedingung erfolgt zweckmäßigerweise über das Komplement.

$$P(Z = 0) = P(X \leqq 4 \cdot 10^6)$$
$$= 1 - \exp\left\{-\frac{4 \cdot 10^6}{2 \cdot 10^6}\right\} = 1 - e^{-2} = 0,86 \,.$$

Nach Definition der bedingten Wahrscheinlichkeit folgt weiter:

$$P(Z \leqq 10^7 | Z > 0) = \frac{P(0 < Z \leqq 10^7)}{1 - P(Z = 0)}$$

$$= \frac{P(4 \cdot 10^6 < X \leqq 10^7)}{e^{-2}}$$

$$= \frac{1 - e^{-5} - (1 - e^{-2})}{e^{-2}} = 0{,}95 .$$

Nun ist

$$Y = \begin{cases} 0, & \text{falls} & X \leqq 10^4 \\ X - 10^4, & \text{falls } 10^4 < X \leqq 4 \cdot 10^6 \\ 4 \cdot 10^6 - 10^4, & \text{sonst .} \end{cases}$$

Die Rückversicherung bewirkt, dass Y jetzt auch den Wert $4 \cdot 10^6 - 10^4$ mit positiver Wahrscheinlichkeit, nämlich mit

$$P(Y = 4 \cdot 10^6 - 10^4) = 1 - P(X \leqq 4 \cdot 10^6)$$
$$= 1 - (1 - e^{-2}) = 0{,}14$$

annimmt. Links von diesem Wert gilt die in Teil a) errechnete Form der Verteilungsfunktion F:

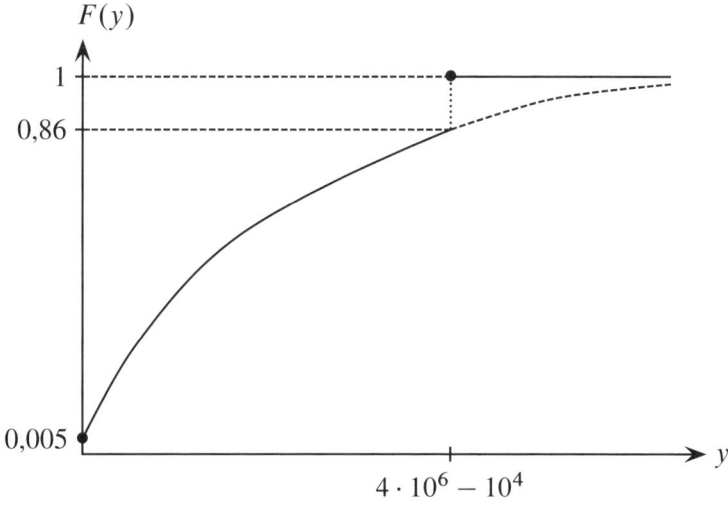

Lösung zu Aufgabe 2.41

a) Die Wahrscheinlichkeiten für die 5 Ereignisse ergeben sich durch Addition der jeweiligen Tabellenwerte $f(x, y)$:

- $P(X \leq 4, Y = 5) = 0{,}0 + 0{,}01 + 0{,}02 + 0{,}03 = 0{,}06$;
- $P(X \leq 4, Y \leq 4) = 0{,}84$;
- $P(X = 5, Y = 5) = f(5{,}5) = 0{,}03$;
- $P(X < 3, Y < 3) = 0{,}21$;
- $P(2 \leq X \leq 4, 2 \leq Y \leq 4) = 0{,}67$.

b) Die Randwahrscheinlichkeitsfunktion $f_1(x)$ von X ergibt sich aus den Zeilensummen der Tabelle. Bei der Randverteilungsfunktion $F_1(x)$ werden diese Zeilensummen kumuliert. Für Y bildet man die Spaltensummen und deren Kumulation. Man erhält

$$f_1(x) = \begin{cases} 0{,}1 & \text{für } x = 1 \\ 0{,}2 & \text{für } x = 2 \\ 0{,}4 & \text{für } x = 3 \\ 0{,}2 & \text{für } x = 4 \\ 0{,}1 & \text{für } x = 5 \\ 0 & \text{sonst} \end{cases} \qquad F_1(x) = \begin{cases} 0 & \text{für } \quad x < 1 \\ 0{,}1 & \text{für } 1 \leq x < 2 \\ 0{,}3 & \text{für } 2 \leq x < 3 \\ 0{,}7 & \text{für } 3 \leq x < 4 \\ 0{,}9 & \text{für } 4 \leq x < 5 \\ 1 & \text{für } 5 \leq x \end{cases}$$

$$f_2(y) = \begin{cases} 0{,}11 & \text{für } y = 1 \\ 0{,}24 & \text{für } y = 2 \\ 0{,}32 & \text{für } y = 3 \\ 0{,}24 & \text{für } y = 4 \\ 0{,}09 & \text{für } y = 5 \\ 0 & \text{sonst} \end{cases} \qquad F_2(y) = \begin{cases} 0 & \text{für } \quad y < 1 \\ 0{,}11 & \text{für } 1 \leq y < 2 \\ 0{,}35 & \text{für } 2 \leq y < 3 \\ 0{,}67 & \text{für } 3 \leq y < 4 \\ 0{,}91 & \text{für } 4 \leq y < 5 \\ 1 & \text{für } 5 \leq y \, . \end{cases}$$

c) Nein, es ist beispielsweise

$$P(X = 5, Y = 1) = 0 \, ,$$

dagegen

$$P(X = 5) \cdot P(Y = 1) = f_1(5) \cdot f_2(1) = 0{,}1 \cdot 0{,}11 = 0{,}011 \, .$$

d) Es ist nahe liegend, die durch die jeweilige Mathematik-Note bedingte Verteilung der Statistik-Noten als die gesuchten „Notenchancen" zu interpretieren. Wegen

$$P(Y = y | X = x) = \frac{P(X = x, Y = y)}{P(X = x)} = \frac{f(x, y)}{f_1(x)}$$

erhält man

y	1	2	3	4	5
$P(Y = y \mid X = 1)$	0,4	0,3	0,2	0,1	0
$P(Y = y \mid X = 2)$	0,2	0,5	0,15	0,1	0,05
$P(Y = y \mid X = 3)$	0,05	0,2	0,5	0,2	0,05
$P(Y = y \mid X = 4)$	0,05	0,1	0,2	0,5	0,15

e) Die gemeinsame Wahrscheinlichkeitsfunktion $\tilde{f}$ wird durch folgende Tabelle beschrieben:

$\tilde{x}$ \ $\tilde{y}$	0	1
0	0,03	0,07
1	0,06	0,84

Bemerkung: Die gegebenen Wahrscheinlichkeitswerte sind interpretierbar als (geschätzte) Wahrscheinlichkeiten dafür, dass ein zufällig ausgewählter Student in Mathematik bzw. Statistik die Note i bzw. j erreicht. Entsprechend gibt jede in Teil d) ermittelte bedingte Verteilung an, mit welcher Wahrscheinlichkeit ein zufällig ausgewählter Student, der in Mathematik die Note i erreicht hat, in Statistik eine Note j erzielt.

Man kann den Standpunkt vertreten, dass für einen bestimmten Studenten die in einer Klausur erzielbare Note in erster Linie von individuellen Charakteristika (Begabung, Mitarbeit usw.) und nur in geringem Maße von Zufallseinflüssen (Variationsbreite der Aufgabenstellung und der Korrektur, Tagesform usw.) abhängt. Von diesem Standpunkt aus ist nur die individuelle Wahrscheinlichkeitsverteilung der Noten relevant, nicht die globale Notenverteilung. Diese individuelle Wahrscheinlichkeitsverteilung lässt sich jedoch in der Praxis kaum explizit angeben. Denn selbst für den betroffenen Kandidaten dürfte nicht immer klar sein, „wo er steht". Für einen Außenstehenden ist es noch weitaus schwieriger, den individuellen Bedingungskomplex zu überblicken. Vor analogen Erfassungsproblemen stehen übrigens typischerweise Versicherungsgesellschaften. Es kann deshalb für viele Fragestellungen (z. B.: Ist die Mathematik-Note ein guter Prädiktor für die Statistik-Note?) sinnvoll sein, anstelle der nicht handhabbaren individuellen bedingten Verteilung eine globale, universellere Verteilung zu betrachten.

Lösung zu Aufgabe 2.42*

a) Für das Bruttogewicht $G = X + Y$ eines Skifahrers gilt

$$\text{E}(G) = \text{E}(X) + \text{E}(Y) = 90 \,,$$
$$\text{Var}(G) = \text{Var}(X) + \text{Var}(Y) = 84 \,.$$

Für das Gesamtgewicht

$$G^{(n)} = \sum_{i=1}^{n} G_i$$

von n Skifahrern gilt (Unabhängigkeit der G_i vorausgesetzt)

$$\text{E}(G^{(n)}) = 90n \,,$$
$$\text{Var}(G^{(n)}) = 84n \,.$$

Voraussetzungsgemäß kann $G^{(n)}$ als normalverteilt betrachtet werden. Da

$$P(G^{(n)} > 12\,900) = 1 - P(G^{(n)} \leq 12\,900)$$
$$= 1 - \Phi\left(\frac{12\,900 - 90n}{\sqrt{84n}}\right),$$

ist an n die Forderung

$$\Phi\left(\frac{12\,900 - 90n}{\sqrt{84n}}\right) \geqq 0,99$$

zu stellen. Die linke Seite dieser Ungleichung fällt monoton in n, da die Standardnormalverteilungsfunktion Φ monoton wachsend ist und das Argument eine fallende Funktion von n ist. Es genügt deshalb, n aus der Gleichung

$$\Phi\left(\frac{12\,900 - 90n}{\sqrt{84n}}\right) = 0,99$$

zu bestimmen; jedes kleinere n erfüllt dann die obige Ungleichung (strikt). Aus der Vertafelung von Φ (siehe Tabelle A.3) liest man ab:

$$\frac{12\,900 - 90n}{\sqrt{84n}} = \Phi^{-1}(0,99) = 2,327 \,,$$

sodass man zur quadratischen Gleichung (für $\sqrt{n}$)

$$-90n - 2{,}327\sqrt{84}\sqrt{n} + 12\,900 = 0$$

kommt. Die (positive) Lösung $\sqrt{n} = 11{,}854$ liefert $n = 140{,}52$. Unter den Prämissen aus Teil a) ist deshalb $n = 140$ die Höchstzahl der Personen pro Gondel.

b) Aus der Gleichungs- bzw. Ungleichungskette

$$\begin{aligned}
P(G^{(n)} > 12\,900) &= P(G^{(n)} - 90n > 12\,900 - 90n) \\
&\overset{\leq}{\underset{=}{}} P(|G^{(n)} - 90n| \geq 12\,900 - 90n) \\
&\overset{\leq}{\underset{=}{}} \frac{84n}{(12\,900 - 90n)^2} \overset{\leq}{\underset{=}{}} 0{,}01
\end{aligned}$$

ergibt sich durch Gleichsetzen der beiden letzten Ausdrücke wiederum eine quadratische Gleichung. Die relevante Lösung ist $n = 131{,}65$ und damit die Antwort $n = 131$. (Die rechnerisch zu ermittelnde zweite Lösung $n = 156$ ist irrelevant, da $90n$ hierbei größer als $12\,900$ ausfällt).

c) Nun ist die Varianz von G größer, nämlich

$$\operatorname{Var}(G) = 80 + 4 + 2 \cdot 0{,}9 \cdot \sqrt{80} \cdot 2 = 116{,}2 \, ;$$

und damit

$$\operatorname{Var}(G^{(n)}) = 116{,}2n \, .$$

Der Lösungsweg aus den Teilen a) und b) bleibt im Prinzip unverändert. Die größere Varianz führt zu den modifizierten (und, wie zu erwarten war, kleineren) – noch nicht ganzzahligen – Lösungen $\sqrt{n} = 11{,}834$ und damit $n = 140{,}04$ unter Verwendung der Normalverteilung bzw. $n = 129{,}69$ unter Verwendung der Tschebyscheff-Ungleichung. Als höchste zulässige Personenzahl ergibt sich somit unter Normalverteilungsannahme trotz höherer Varianz unverändert $n = 140$ wie in Teil a); die Tschebyscheff-Ungleichung hingegen liefert nach der Varianzerhöhung den gegenüber Teil b) verkleinerten Wert $n = 129$.

Teil III:

Induktive Statistik

Aufgaben zur induktiven Statistik

Aufgabe 3.1

Von den 4378 (von 1 bis 4378 durchnummerierten) Kunden einer bestimmten Spar-kassenfiliale sollen $n = 20$ zufällig (und „mit Zurücklegen") ausgewählt werden. Bei jeder der 20 ausgewählten Personen sollen registriert werden

- das Geschlecht X (mit $0 =$ männlich, $1 =$ weiblich),
- die (auf ganze Jahre aufgerundete) Dauer Y des bisherigen Kundenverhältnisses,
- die Einstellung bezüglich der Frage, ob die bisherige Regelung R^b der Öffnungs-zeiten durch einen konkret vorliegenden Vorschlag R^n einer Neuregelung ersetzt werden soll. Dabei haben die Befragten die Möglichkeit, jeder der beiden Rege-lungen R^b bzw. R^n eine Punktezahl Z^b bzw. Z^n aus der Menge $\{1, \ldots, 5\}$ (mit $1 =$ sehr zufriedenstellend, $\ldots, 5 =$ sehr unbefriedigend) zuzuordnen.

a) Benutzen Sie zur Auswahl der 20 Personen die Zufallszahlen-Tabelle A.7. Be-ginnen Sie dabei in der 6. Zeile, durchlaufen Sie die Zeile (und anschließend die nachfolgenden Zeilen $7, 8, \ldots$ von links nach rechts, lesen Sie vierstellige Zahlen $k_1, k_2, \ldots$ ab und verwenden Sie schließlich (zur Einsparung von Zu-fallszahlen) die Zahlen

$$\ell_i = \begin{cases} k_i, & \text{falls } k_i \leqq 5\,000 \\ k_i - 5\,000, & \text{falls } k_i > 5\,000 \, . \end{cases}$$

Welche Nummern werden ausgewählt?
b) Führt die beschriebene Vorgehensweise zu einer einfachen Stichprobe?
c) Geben Sie den Stichprobenraum an, d. h. die Menge der möglichen Ergebnisse aller 20 Stichprobenvariablen

$$(X_i, Y_i, Z_i^b, Z_i^n) \quad \text{mit} \quad i = 1, \ldots, 20 \, .$$

d) Wie ist die Grundgesamtheit (der 4378 Kunden) bezüglich des Merkmals X verteilt, wenn 2219 der 4378 Kunden männlich sind?

Aufgabe 3.2

Für einen bestimmten PKW bezeichne man mit $X_1, \ldots, X_{51}$ den bei 51 Kurzfahrten im Stadtverkehr und mit $Y_1, \ldots, Y_{16}$ den bei 16 Überlandfahrten sich ergebenden (und jeweils auf Liter pro 100 km umgerechneten) Benzinverbrauch. Vorausgesetzt sei, dass alle X_i einer $N(\mu_1; \sigma_1)$-Verteilung und alle Y_i einer $N(\mu_2; \sigma_2)$-Verteilung genügen und dass sämtliche Stichprobenvariablen $X_1, \ldots, X_{51}; Y_1, \ldots, Y_{16}$ unabhängig sind. $\overline{X}$ und S_1 bzw. $\overline{Y}$ und S_2 stehe im Folgenden für Stichprobenmittel und Stichproben-standardabweichung der $X_1, \ldots, X_{51}$ bzw. $Y_1, \ldots, Y_{16}$. Man bestimme

a) unter der Annahme $\mu_1 = 7{,}2$ und $\sigma_1 = 0{,}8$ die durch die Gleichungen

- $P(X_i > c_1) = 0{,}2$;
- $P(\overline{X} > c_2) = 0{,}8$;
- $P([(X_1 - 7{,}2)^2 + \cdots + (X_{51} - 7{,}2)^2] > c_3) = 0{,}8$

festgelegten Werte c_1, c_2, c_3 sowie den Erwartungswert und die Varianz von $[(X_1 - 7{,}2)^2 + \cdots + (X_{51} - 7{,}2)^2]$,

b) die Werte c_4, c_5 mit der Eigenschaft

- $P\left(\left| \frac{4(\overline{Y} - \mu_2)}{S_2} \right| < c_4 \right) = 0{,}8$;
- $P(S_2^2 \leqq c_5 \sigma_2^2) = 0{,}8$;

c) unter der Annahme $\sigma_1^2 = \sigma_2^2$ den Erwartungswert und die Varianz von S_1^2/S_2^2 sowie die Werte c_6, c_7 mit der Eigenschaft

- $P(S_1^2/S_2^2 > c_6) = 0{,}05$;
- $P\left(\sum_{i=1}^{51} (X_i - \overline{X})^2 / \sum_{i=1}^{16} (Y_i - \overline{Y})^2 > c_7 \right) = 0{,}99$.

Aufgabe 3.3

Für den Zustand der Fichten eines bestimmten Forstamtsbezirks werden die drei Schadensstufen 0 (= keine Schäden), 1 (= leichte bis mittlere Schäden) oder 2 (= schwere Schäden) als möglich angesetzt. Um die Anteile p_j der zur Schadensstufe j (mit $j \in \{0, 1, 2\}$), gehörenden Fichten zu schätzen, werden n Fichten zufällig ausgewählt (mit Zurücklegen) und ihre Schadensstufen registriert. X_i bezeichne die Schadensstufe der i-ten untersuchten Fichte, $i = 1, \ldots, n$.

a) Zeigen Sie

- $\hat{P}_1 = \frac{1}{n} \sum_{i=1}^{n} (2X_i - X_i^2)$ ist erwartungstreu für p_1,

- $\hat{P}_2 = \frac{1}{2n} \sum_{i=1}^{n} (X_i^2 - X_i)$ ist erwartungstreu für p_2.

b) Geben Sie eine erwartungstreue Schätzfunktion für p_0 an.
c) Sei $\hat{\Theta}_j$ die relative Häufigkeit des Auftretens der Schadensstufe j in der Stichprobe mit $j = 0, 1, 2$. Gibt es Stichprobenrealisationen $(x_1, \ldots, x_n)$, für die $\hat{P}_1$ (bzw. $\hat{P}_2$) dasselbe Schätzergebnis liefert wie $\hat{\Theta}_1$ (bzw. $\hat{\Theta}_2$)?

Aufgabe 3.4

Die von einer Maschine für einen bestimmten Arbeitsvorgang benötigte Zeit sei eine Zufallsvariable X, für deren Dichtefunktion in Abhängigkeit von einem Parameter $\vartheta \in [0; 2]$ die Gestalt

$$f(x|\vartheta) = \begin{cases} \vartheta + 2(1 - \vartheta)x & \text{für } x \in [0; 1] \\ 0 & \text{sonst} \end{cases}$$

unterstellt wird. Zu X liege eine einfache Stichprobe $X_1, \ldots, X_n$ vor.

a) Berechnen Sie $E(X_i)$ und $E(X_i^2)$.
b) Zeigen Sie, dass die beiden Schätzfunktionen

$$\hat{\Theta}_1 = 4 - \frac{6}{n} \sum_{i=1}^{n} X_i \quad \text{und} \quad \hat{\Theta}_2 = 3 - \frac{6}{n} \sum_{i=1}^{n} X_i^2$$

erwartungstreu für ϑ sind.
c) Wie müssen die Zahlen α und β gewählt werden, damit die Schätzfunktion

$$\hat{\Theta} = \frac{1}{n} \sum_{i=1}^{n} (\alpha X_i + \beta X_i^2)$$

erwartungstreu für ϑ ist?

Aufgabe 3.5

Die (in Tagen gemessene) Füllzeit von Altglascontainern mit vergleichbarer Größe und Standort sei eine Zufallsvariable X, deren Erwartungswert $\mu = E(X)$ geschätzt werden soll. Zur Schätzung werde das Stichprobenmittel $\bar{X}$ verwendet, und bzgl. der Schätzgenauigkeit die Anforderung $\text{Var}(\bar{X}) \leq 1$ gestellt. Wie groß muss der Stichprobenumfang n sein, wenn man von der Prämisse ausgehen kann, dass die Varianz $\text{Var}(X)$ maximal 65 beträgt?

Aufgabe 3.6

Die Lagerbuchführung eines aus $N = 10\,000$ Positionen bestehenden Roh-, Hilfs-
und Betriebsstoff-Lagers liefert einen Gesamt(-Buch-)Wert $B = 18$ Mio. Euro und
eine Standardabweichung von $s = 270$. Zur Bestimmung des Lager-Ist-Wertes erfasst
man n Positionen stichprobenmäßig, was die Stichprobenvariablen

$$X_1, \ldots, X_n$$

definiert. Zur Schätzung (= freien Hochrechnung) des Lager-Ist-Wertes benutzt man
die Schätzfunktion $N \cdot \overline{X}$. Die Genauigkeitsanforderung wird durch die Bedingung
präzisiert, dass die Standardabweichung der Schätzfunktion maximal 0,5 % des Buchwertes betragen darf. Welcher Stichprobenumfang n ist erforderlich, wenn man davon
ausgehen kann, dass die Standardabweichung der Ist-Werte durch die Standardabweichung der Buchwerte approximiert werden kann?

Aufgabe 3.7

Der Anteil p derjenigen Steuerzahler, die dem Finanzamt Zinseinkünfte verheimlichen, soll mittels einer Befragung unter Zuhilfenahme folgender Verschlüsselungsprozedur geschätzt werden:

> Jeder befragte Steuerzahler zieht aus einem Stapel von 10 Spielkarten, die
> den Wert 1 bis 10 haben, eine Karte verdeckt heraus. Wenn er eine 1 oder
> 2 gezogen hat, soll er die Frage „Haben Sie dem Finanzamt Zinseinkünfte
> verheimlicht?" wahrheitsgemäß beantworten; andernfalls soll er lügen.

Die Antwort des i-ten Befragten (mit $i = 1, \ldots, n$) werde durch die Indikatorvariable

$$A_i = \begin{cases} 1, & \text{falls die Antwort „ja" lautet} \\ 0, & \text{falls die Antwort „nein" lautet} \end{cases}$$

beschrieben, und aus $(A_1, \ldots, A_n)$ die Schätzfunktion

$$\hat{P} = \frac{4}{3} - \frac{5}{3} \cdot \frac{1}{n} \sum_{i=1}^{n} A_i$$

gebildet.

    a) Welcher Schätzwert $\hat{p}$ ergibt sich, wenn bei $n = 1\,000$ Befragten 600 Ja-Ant-
worten registriert werden?

    b) Ist $\hat{P}$ erwartungstreu für p?

    c) Welche Varianz hat $\hat{P}$?

Aufgabe 3.8*

In Aufgabe 3.7 wurde der Anteil p derjenigen Steuerzahler, die dem Finanzamt Zinseinkünfte verheimlichen, mittels einer Befragung unter Verwendung einer Verschlüsselungsprozedur geschätzt. Bei dieser Prozedur wurde die Antwort-Anonymisierung dadurch gewährleistet, dass der Befragte mit der Wahrscheinlichkeit $q = 0{,}8$ (nämlich beim Ziehen einer der Karten 3 bis 10) vereinbarungsgemäß lügen sollte.

a) Bitte versuchen Sie, für alle mit zehn Karten realisierbaren Fälle (also für alle $q = 0{,}1; \ldots ; 0{,}9$) eine erwartungstreue Schätzfunktion $\hat{P}$ aufzustellen. Unterziehen Sie den Fall $q = 0{,}5$, der eine perfekte Antwort-Anonymisierung gewährleistet, einer gesonderten Diskussion.
b) Für welches q ergibt sich das (gemessen an der Schätzvarianz) optimale Design?

Aufgabe 3.9

Zur Erforschung der Erdkruste sollen Bohrungen in mehrere tausend Meter Tiefe durchgeführt werden. Die tägliche Bohrleistung (gemessen in Metern) eines dafür entwickelten Bohrgeräts wird als Zufallsvariable X angesehen, wobei X als gleichverteilt in einem Intervall $[0; b]$ mit unbekanntem b angenommen wird. Die bei Probebohrungen gemessenen täglichen Bohrleistungen werden als Realisierungen der Stichprobenvariablen $X_1, \ldots, X_n$ einer einfachen Stichprobe aufgefasst.

Zur Schätzung des Erwartungswerts $\mu = E(X)$ werden die drei Schätzfunktionen

$$\widehat{\Theta}_n = \bar{X}_n = \frac{1}{n} \sum_{i=1}^{n} X_i \, ,$$

$$\widehat{\Theta}'_n = \frac{1}{2} \cdot \max\{X_1, \ldots, X_n\} \quad \text{bzw.}$$

$$\widehat{\Theta}^*_n = \frac{n+1}{2n} \cdot \max\{X_1, \ldots, X_n\}$$

vorgeschlagen.

a) Welche der drei Schätzfunktionen ist erwartungstreu bzw. asymptotisch erwartungstreu für μ?
   Hinweis: Zur Untersuchung von $\widehat{\Theta}'_n$, $\widehat{\Theta}^*_n$ bestimme man zur Stichprobenfunktion $Y = \max\{X_1, \ldots, X_n\}$ zunächst die Verteilungsfunktion $F(y)$ und hieraus die Dichte $f(y)$, jeweils für $y \in [0; b]$.
b) Ermitteln Sie unter den oben als erwartungstreu erkannten Schätzfunktionen die wirksamste.
c) Untersuchen Sie die drei Schätzfunktionen auf Konsistenz.

Aufgabe 3.10*

Unter k verschiedenen Düngemethoden wurde Kopfsalat angebaut. Die Stichprobenvariablen $X_{i1}, \ldots, X_{in_i}$ registrieren den Nitratgehalt (in mg pro kg), der sich bei n_i
zur Düngemethode i ($i = 1, \ldots, k$) durchgeführten Messungen ergibt. Es wird Unabhängigkeit aller $n = n_1 + \cdots + n_k$ Stichprobenvariablen vorausgesetzt. Ferner wird
für die Erwartungswerte der X_{ij} die Beziehung

$$E(X_{ij}) = \mu + a_i \quad \text{für} \quad j = 1, \ldots, n_i \ ; \quad i = 1, \ldots, k$$

angenommen, wobei

$$\sum_{i=1}^{k} a_i = 0$$

gefordert wird; d. h. $E(X_{ij})$ setzt sich additiv zusammen aus dem von der speziellen Düngemethode unabhängigen „durchschnittlichen Effekt" μ und der als „Abwei-
chungseffekt bezüglich Methode i" bezeichneten Größe a_i, wobei die a_i sich in der
Summe aufheben.

a) Welche Schätzfunktionen $\hat{M}$ und $\hat{A}_i$ ergeben sich für μ und die a_i nach dem
   Prinzip der kleinsten Quadrate? Man gehe also nach der Vorschrift vor, dass für
   die Realisationen x_{ij}, $\hat{\mu}$ und $\hat{a}_i$ der X_{ij}, $\hat{M}$ und $\hat{A}_i$ gelten soll:

$$\sum_{i=1}^{k} \sum_{j=1}^{n_i} (x_{ij} - \hat{\mu} - \hat{a}_i)^2 \leqq \sum_{i=1}^{k} \sum_{j=1}^{n_i} (x_{ij} - \mu - a_i)$$

   für alle μ und alle a_i mit $\sum_{i=1}^{k} a_i = 0$.

b) Sind die in Teil a) ermittelten Schätzfunktionen $\hat{M}$ bzw. $\hat{A}_i$ erwartungstreu für
   μ bzw. a_i?

c) Konkret seien bei $k = 3$ folgende Werte x_{ij} ermittelt worden:

bei Methode 1:	1 490	2 010	1 650	1 580	1 320	1 540
bei Methode 2:	3 710	4 200	2 940	3 650		
bei Methode 3:	970	1 260	1 340	1 150	1 210	

Welche Schätzwerte liefert die Kleinst-Quadrate-Methode für μ, a_1, a_2 und a_3?

Aufgabe 3.11

Die Anzahl X der Auftragseingänge pro Tag in einem Handwerksbetrieb sei eine mit dem Parameter λ poissonverteilte Zufallsvariable. Folgende Tabelle hält für 15 Werktage die pro Tag eingegangenen Aufträge fest:

i	1	2	3	4	5	6	7	8	9	10	11	12	13	14	15
x_i	4	6	1	3	3	2	11	5	9	4	5	1	2	7	8

Diese Daten seien das Ergebnis einer einfachen Stichprobe $(X_1, \ldots, X_{15})$.

a) Geben Sie den dazugehörigen Stichprobenraum an.
b) Bestimmen Sie (unter Benutzung des obigen Stichprobenergebnisses) die Likelihoodfunktion $f(x_1, \ldots, x_{15} | \lambda)$.
c) Bestimmen Sie den Maximum-Likelihood-Schätzwert $\hat{\mu}$ für die zu erwartende Anzahl $\mu = E(X)$ der Auftragseingänge pro Tag.
d) Ist die Maximum-Likelihood-Schätzfunktion für μ erwartungstreu?

Aufgabe 3.12

Die Lebensdauer X eines Verschleißteils besitze eine Dichte, die von $x = 0$ ab linear abnimmt und bei $x = \vartheta$ eine Nullstelle besitzt.

a) Bestimmen Sie den Verlauf der Dichtefunktion $f(x)$ für $0 \leq x \leq \vartheta$.
b) Es liege eine Stichprobe vom Umfang $n = 1$ vor mit der Stichprobenrealisation $x_1 = 47{,}8$. Wie groß ist der Maximum-Likelihood-Schätzwert $\hat{\vartheta}$?
c) Wie lässt sich aus dem Maximum-Likelihood-Schätzwert $\hat{\vartheta}$ der Maximum-Likelihood-Schätzwert $\hat{\mu}$ für den Erwartungswert $\mu = E(X)$ berechnen?

Aufgabe 3.13

Der Auslastungsgrad (pro Tag) eines in einem Bürogebäude stehenden Kopiergerätes sei eine Zufallsvariable X, deren Dichte folgende Gestalt besitze (mit $t > 0$):

$$f(x) = \begin{cases} tx^{t-1} & \text{für } 0 < x \leq 1 \\ 0 & \text{sonst .} \end{cases}$$

Die an n Arbeitstagen beobachteten Auslastungsgrade $x_1, \ldots, x_n$ seien als Realisierung einer einfachen Stichprobe auffassbar.

a) Erstellen Sie die Likelihood-Funktion $f(x_1, \ldots, x_n | t)$.
b) Ermitteln Sie die Maximum-Likelihood-Schätzfunktionen für t, $\mu = E(X)$ und für die Wahrscheinlichkeit p, mit der $X \leq \frac{1}{2}$ zutrifft.

c) Beim Stichprobenumfang 6 sei das Ergebnis $(0,4; 0,9; 0,6; 0,1; 0,3; 0,5)$ einge-
treten. Berechnen Sie die Maximum-Likelihood-Schätzwerte $\hat{t}$ für t, $\hat{\mu}$ für μ
und $\hat{p}$ für p.

Aufgabe 3.14*

Für die (in Minuten gemessene) Zeitdauer X, die ein erwachsener Bundesbürger für
die tägliche Zahnpflege verwendet, werde eine Dichte der Gestalt

$$f_a(x) = \begin{cases} \frac{x}{a^2} & \text{für } 0 \leqq x \leqq a \\ \frac{2a-x}{a^2} & \text{für } a < x \leqq 2a \\ 0 & \text{sonst} \end{cases}$$

mit dem unbekannten Parameter $a > 0$ unterstellt.

a) Skizzieren Sie die Dichte $f_a(x)$ (für einen festen Wert a).
b) Bei einer einfachen Stichprobe vom Umfang 4 seien die Werte 2, 3, 5 und 7
beobachtet worden. Schätzen Sie hiermit den Parameter a nach der Maximum-
Likelihood-Methode.

Aufgabe 3.15

Eine Abfüllanlage kann in drei verschiedenen Geschwindigkeitsstufen laufen. Bei Geschwindigkeitsstufe i ist die (in cm^3 gemessene) Abfüllmenge X normalverteilt mit
dem Erwartungswert μ_i und der Varianz σ_i^2 ($i = 1, 2, 3$). Dabei gilt

$$\begin{aligned} \mu_1 &= 5\,003 \,, & \sigma_1^2 &= 9 \,, \\ \mu_2 &= 5\,004 \,, & \sigma_2^2 &= 25 \,, \\ \mu_3 &= 5\,010 \,, & \sigma_3^2 &= 144 \,. \end{aligned}$$

Ein von der Anlage abgefüllter Behälter enthielt die Abfüllmenge $x = 4\,997 \text{ cm}^3$.

a) Schätzen Sie die dabei eingestellte Geschwindigkeitsstufe $i \in \{1, 2, 3\}$

- nach der Maximum-Likelihood-Methode,
- durch den A-posteriori-Modus, wenn die drei Geschwindigkeitsstufen a
  priori als gleichwahrscheinlich gelten,
- durch den A-posteriori-Modus, wenn die A-priori-Wahrscheinlichkeiten
  $\varphi(i)$ sich gemäß $\varphi(1) : \varphi(2) : \varphi(3) = 3 : 2 : 1$ verhalten.

b) Warum ist zur Schätzung von i bei gegebenen A-priori-Wahrscheinlichkeiten
der A-posteriori-Erwartungswert ungeeignet?

Aufgabe 3.16

Eine Firma, die Folien für kleine Gartenteiche herstellt, hat dazu ein neues Material entwickelt. Die Firma ist interessiert am Anteil p derjenigen aus diesem Material bestehenden Teichfolien, die sich – insbesondere aufgrund fehlerhafter Schweißnähte – bereits bei der ersten Wasserfüllung als undicht erweisen. Bei den ersten 120 mit einer derartigen Folie angelegten Teichen trat ein solcher Schaden genau einmal ein. Die Firma interpretiert dieses Resultat als Ergebnis einer einfachen Stichprobe, will sich aber zur Schätzung von p nicht allein auf dieses Stichprobenergebnis stützen, sondern auch gewisse A-priori-Vermutungen über p mit einbeziehen, die sich auf durchgeführte Materialkontrollen sowie auf Erfahrungen mit ähnlichen Materialien gründen. Ein beratender Statistiker schlägt vor, diese A-priori-Vermutungen durch eine Dichte der Form

$$\varphi(p) = \begin{cases} (k+1)(k+2)p(1-p)^k & \text{für } 0 \leq p \leq 1 \\ 0 & \text{sonst} \end{cases}$$

mit $k > 0$ zu beschreiben und dabei k so festzulegen, dass der Modus der A-priori-Verteilung gleich 0,025 ist.

  a) Präzisieren Sie die so entstehende A-priori-Dichte $\varphi(p)$.
  b) Zur Schätzung von p benutzt die Firma den A-posteriori-Erwartungswert. Welches Schätzergebnis $\hat{p}$ erhält sie?

Aufgabe 3.17

Für die $N = 10^5$ Positionen umfassende Grundgesamtheit der Roh-, Hilfs- und Betriebsstoffe einer Unternehmung soll der Inventurwert mittels einer geschichteten Stichprobe ermittelt werden, vgl. hierzu die Bemerkung im Anschluss an die Lösung von Aufgabe 3.6. Unter Berücksichtigung von Lagerungsdauer und Buchwert wurden 10 gleich große Schichten gebildet und aufgrund bestimmter Genauigkeitsanforderungen ein Gesamtstichprobenumfang von 5 000 vorgegeben. Die Standardabweichungen pro Schicht seien

$$\sigma_1 = \cdots = \sigma_5 = 10$$

und

$$\sigma_6 = \cdots = \sigma_{10} = 30 \,.$$

Als Inventurwert soll das N-fache des aus der Schichtschätzfunktion resultierenden Schätzwertes genommen werden.

  a) Das Stichprobenmittel betrage je 50 für die ersten 9 Schichten und 150 für die zehnte Schicht. Welcher Inventurwert ergibt sich?
  b) Bestimmen Sie die optimale Aufteilung.

Aufgabe 3.18

Die Gesamtzahl aller 13- bis 15-jährigen Schüler in einem Bundesland gliedert sich in $N_1 = 0{,}4N$ Hauptschüler, $N_2 = 0{,}3N$ Realschüler und $N_3 = 0{,}3N$ Gymnasiasten. Mit μ seien die mittleren vierteljährlichen Ausgaben für Bücher (pro Person) in der Altersgruppe der 13- bis 15-Jährigen in diesem Bundesland bezeichnet. Aufgrund einer Stichprobe von vorgegebenem Umfang $n = 400$ soll μ geschätzt werden. Dabei kann mit folgenden (in Euro^2 gemessenen) mittleren quadratischen Abweichungen σ^2 bzw. σ_i^2 der vierteljährlichen Ausgaben für Bücher gerechnet werden:

Alle 13- bis 15-Jährigen	Hauptschüler	Realschüler	Gymnasiasten
$\sigma^2 = 120$	$\sigma_1^2 = 25$	$\sigma_2^2 = 100$	$\sigma_3^2 = 100$

Die folgenden Fragen sind jeweils für den Fall mit Zurücklegen zu lösen:

a) Berechnen Sie die proportionale Aufteilung von n und die Varianz der Schichtschätzfunktion bei proportionaler Aufteilung.

b) Berechnen Sie die optimale Aufteilung von n und die Varianz der Schichtschätzfunktion bei optimaler Aufteilung.

c) Die Stichprobe vom Umfang 400 werde durch eine reine Zufallsauswahl aus der Gesamtheit aller 13- bis 15-Jährigen in diesem Bundesland entnommen und das Stichprobenmittel $\bar{X}$ der dabei beobachteten vierteljährlichen Bücherausgaben als Schätzfunktion für μ verwendet. Wie groß ist die Varianz dieser Schätzfunktion?

d) Ein Vergleich der Teile a) und c) zeigt, dass bei den gegebenen Daten die Varianz der Schichtschätzfunktion bei proportionaler Aufteilung kleiner als $\mathrm{Var}(\bar{X})$ ist. Zeigen Sie, dass generell (d. h. unabhängig von der obigen Situation) bei Zerlegung einer endlichen Grundgesamtheit G in k Schichten die Varianz der Schichtschätzfunktion bei proportionaler Aufteilung höchstens gleich der Varianz des Stichprobenmittels bei reiner Zufallsauswahl aus G ist.
Hinweis: Beachten Sie dazu die Formel (13).

Aufgabe 3.19

Der derzeitige Wähleranteil p einer bestimmten Partei A soll mittels einer geschichteten Stichprobe vom Gesamtstichprobenumfang 2 600 geschätzt werden. Dabei ist die Gesamtheit aller Wahlberechtigten ($N = 40$ Millionen) aufgrund des Lebensalters folgendermaßen in Schichten zerlegt:

Schicht	1	2	3	4
Lebensalter in Jahren	18 bis 24	25 bis 36	37 bis 60	über 60

Die Umfänge der einzelnen Schichten verhalten sich zueinander wie folgt:

$$N_1 : N_2 : N_3 : N_4 = 1 : 2 : 3 : 2 \, .$$

Die (aufgrund gewisser Wahlanalysen geschätzten) Wähleranteile $\tilde{p}_i$ der Partei A in Schicht i bei der letzten Wahl waren

$$\tilde{p}_1 = 0{,}100 \, ; \quad \tilde{p}_2 = 0{,}042 \, ; \quad \tilde{p}_3 = 0{,}035 \quad \text{und} \quad \tilde{p}_4 = 0{,}025 \, .$$

a) Begründen Sie, weshalb zur Berechnung der optimalen Aufteilung die Formel des Falls mit Zurücklegen hinreichend genau ist.
b) Geben Sie die mittlere quadratische Abweichung σ_i^2 in Schicht i in Abhängigkeit vom (unbekannten) derzeitigen Anteil p_i der Wähler der Partei A in Schicht i an.
c) Welche Stichprobenumfänge n_i^* ($i = 1, \ldots, 4$) ergeben sich, wenn man in der Formel für die optimale Aufteilung statt σ_i jeweils den – auf zwei Nachkommastellen gerundeten – Schätzwert $\hat{\sigma}_i = \sqrt{\tilde{p}_i(1 - \tilde{p}_i)}$ einsetzt?
d) Nun werden die obigen Schichten 3 und 4 zu einer Schicht zusammengefasst. Welche Aufteilung des Gesamtstichprobenumfangs 2 600 auf die verbleibenden drei Schichten erhält man dann nach der in Teil c) beschriebenen Vorgehensweise?

Aufgabe 3.20

Eine Unternehmung stellt Scheiben aus monokristallinem Reinstsilizium her, die ein Vorprodukt zur Herstellung von Mikrochips sind. Unter vielen anderen ist ein Gütekriterium für die Scheiben der Grad der Durchbiegung. Die Zufallsvariable X bezeichne die (durch eine bestimmte Maßzahl ausgedrückte) Durchbiegung einer zufällig herausgegriffenen Scheibe. Zur Abtrennung der Scheiben von einem Siliziumstab stehen drei Sägeblätter I, II, III zur Verfügung. Die mithilfe von I, II, III hergestellten Scheiben stehen im Mengenverhältnis 2 : 1 : 1.

a) In einer Vorstichprobe wurden folgende Werte gemessen:

Sägeblatt I	11	12	14	15	17	19	22	23	25	32
Sägeblatt II	8	9	10	11	13	13	14	16	17	19
Sägeblatt III	9	13	14	14	14	14	15	16	20	21

Berechnen Sie die Stichprobenvarianzen s_i^2 als Schätzwerte für die Varianzen σ_i^2 ($i = 1, 2, 3$).

Im Folgenden werde von $\sigma_i = s_i$ ausgegangen (auf eine Nachkommastelle gerundet).

b) Die Untersuchung einer Scheibe kostet in jedem Fall 1 GE (Geldeinheit), und es steht ein Budget von 30 GE zur Verfügung. Bestimmen Sie die optimale Aufteilung n_i^* ($i = 1, 2, 3$) einer Stichprobe (für den Fall Ziehen mit Zurücklegen) auf die drei Sägeblätter.

c) Eine Stichprobe (mit optimaler Aufteilung; Ziehen mit Zurücklegen) ergab die Merkmalssummen 360; 70 und 70 für Sägeblatt I, II und III. Berechnen Sie daraus einen Schätzwert $\hat{\mu}$ für den Erwartungswert μ der Zufallsvariablen X.

Aufgabe 3.21

Der Verschuldungsgrad X der 10 000 Unternehmungen einer bestimmten Branche soll mittels einer geschichteten Stichprobe (mit Zurücklegen) untersucht werden. Nach der jeweiligen Rechtsform zerfällt die Grundgesamtheit in 5 Schichten, über die folgende Informationen vorliegen: Die Schichtumfänge verhalten sich gemäß der Proportion

$$N_1 : N_2 : N_3 : N_4 : N_5 = 1 : 2 : 2 : 2 : 3 \,.$$

Die Kostensätze sind $c_1 = c_2 = c_3 = c_4 = 1$ und $c_5 = 4$. Für die Schicht-Standardabweichungen gilt: $\sigma_1 = \sigma_2 = \sigma_3 = \sigma_4 = \frac{1}{10} \cdot \sigma_5$.

a) Bestimmen Sie die optimale Aufteilung bei einem gegebenen Budget in Höhe von $c = 4\,000$.

b) Die optimal aufgeteilte Stichprobe habe die Daten

$$\bar{x}_1 = 1 \,; \quad \bar{x}_2 = \bar{x}_3 = 1,5 \,; \quad \bar{x}_4 = 2 \quad \text{und} \quad \bar{x}_5 = 3$$

geliefert. Bestimmen Sie den aufgrund der Schichtschätzfunktion resultierenden Schätzwert für den mittleren Verschuldungsgrad $\mathrm{E}(X)$.

Aufgabe 3.22

Das Umweltreferat einer Großstadt will Aufschluss darüber gewinnen, wie viele Asbestfasern pro Kubikmeter Luft im Freien in ca. einem Meter Abstand von asbestzementhaltigen Gebäudeteilen zu erwarten sind. Bei $n = 14$ diesbezüglichen Messungen traten die Werte

980	1 340	610	750	880	1 250	2 410
1 100	470	1 040	910	1 860	730	820

auf, die als Ergebnisse unabhängiger normalverteilter Stichprobenvariablen angesehen werden.

a) Führen Sie für den Erwartungswert μ der Anzahl X der unter den obigen Bedingungen vorhandenen Asbestfasern eine Intervall-Schätzung zum Konfidenzniveau 0,95 durch.

b) Wie müsste das Konfidenzniveau gewählt sein, damit die Länge des entstehenden Schätzintervalls gleich 500 ist?

Aufgabe 3.23

Die jährliche Anzahl X der Abwesenheitsstage einer bestimmten Arbeitnehmergruppe werde mittels einer einfachen Stichprobe vom Umfang n erhoben.

a) Es sei bekannt, dass die maximale Anzahl der Abwesenheitstage höchstens 30 beträgt. Welcher Stichprobenumfang n garantiert, dass die Länge des (auf der Normalverteilungsapproximation beruhenden) Konfidenzintervalls für $E(X)$ zum Konfidenzniveau 0,95 höchstens 2 ist?

b) Eine Stichprobe vom Umfang $n = 144$ lieferte folgende Werte:

$$\bar{x} = 15 , \quad s^2 = 1\,600 .$$

Bestimmen Sie ein Schätzintervall für $E(X)$ zum Konfidenzniveau 0,95.

c) Zu welchem Konfidenzniveau liefern die in Teil b) angegebenen Daten ein Schätzintervall, das mit
$$[15 - 8{,}5833; 15 + 8{,}5833]$$

übereinstimmt?

Aufgabe 3.24

Aus der Produktion eines Chemiewerkes, das nahtlose Kunststoffrohre herstellt, werden 100 Rohre ausgewählt und auf Fehler überprüft (einfache Stichprobe). Bei 10 Rohren werden Mängel festgestellt. Der Anteil der fehlerhaften Rohre in der gesamten Produktion soll durch ein Konfidenzintervall zum Niveau 0,9 geschätzt werden.

a) Errechnen Sie das Ergebnis dieser Intervallschätzung.

b) Werden zusätzlich zu den bisherigen 100 Rohren m weitere zufällig aus der Produktion entnommen und auf Mängel überprüft, so gelte als sicher, dass in der Gesamtstichprobe höchstens 20 % der $100 + m$ Rohre fehlerhaft sind. Wie viele Rohre müssen noch überprüft werden, wenn die Länge des resultierenden Schätzintervalls höchstens gleich 0,05 sein darf?

Aufgabe 3.25

Ein Händler sieht seinen täglichen Gewinn X (der positiv oder negativ ausfallen kann) als zufallsabhängig an, wobei er für die Gewinne verschiedener Tage Unabhängigkeit und stets dieselbe Wahrscheinlichkeitsverteilung mit der Dichte $f(x)$ voraussetzt. Der Händler ist interessiert an einer Intervallschätzung des als Verlusterwartungswert bezeichneten Parameters

$$\lambda = \int_{-\infty}^{0} (-x) f(x) \, dx \; .$$

Im Laufe von 50 Tagen traten genau sieben negative Gewinnwerte auf, nämlich:

$$-50 \quad -200 \quad -240 \quad -290 \quad -375 \quad -410 \quad -785$$

a) Schätzen Sie λ durch ein (symmetrisches) Konfidenzintervall zum Konfidenzniveau $1-\alpha = 0{,}9$. Stellen Sie dazu λ als Erwartungswert unabhängiger, identisch verteilter Zufallsvariablen $Y_1, \ldots, Y_{50}$ dar.

b) Bei Erhöhung des Stichprobenumfangs n werde für den Wert s der aus den Stichprobenvariablen $Y_1, \ldots, Y_n$ (siehe obigen Hinweis) gebildeten Stichprobenstandardabweichung höchstens eine Verdoppelung des aus obigen Daten (bei $n = 50$) errechneten Wertes als möglich erachtet. Welcher Stichprobenumfang n reicht dann aus, um ein Schätzintervall für λ der Maximallänge 50 zu gewährleisten (wieder zu $1 - \alpha = 0{,}9$)?

Aufgabe 3.26

Die für die Abfertigung eines Kunden an der Kasse eines Supermarktes benötigte Zeit X gelte als exponentialverteilt mit dem Parameter λ. Nach einer einfachen Stichprobe vom Umfang 50 ergab sich durch Addition aller 50 Abfertigungsdauern ein Wert von einer Stunde, zwölf Minuten und dreißig Sekunden.

a) Führen Sie mit diesen Daten zur Irrtumswahrscheinlichkeit 0,02 eine Intervall-Schätzung für den Erwartungswert μ der Abfertigungsdauer eines Kunden durch. Nutzen Sie dazu als Schätzwert für die Standardabweichung σ von X den Stichprobenmittelwert $\bar{x}$. Begründen Sie diese Vorgehensweise, indem Sie beweisen, dass die Folge $\bar{X}_n$ der Stichprobenmittel (für wachsendes n) konsistent für σ ist.

b) Bei der in Teil a) benutzten Vorgehensweise sind die Obergrenze V_o bzw. die Untergrenze V_u des Konfidenzintervalls für μ stets von der Gestalt $V_o = \bar{X} k_o$ bzw. $V_u = \bar{X} k_u$, d.h. beide sind Vielfache von $\bar{X}$. Welcher Stichprobenumfang n garantiert, dass dabei (bei einer Irrtumswahrscheinlichkeit 0,02) die Differenz $k_o - k_u \leqq 0{,}5$ wird, bzw. dass der Quotient $k_o/k_u \leqq 1{,}5$ wird? Berechnen Sie zum Vergleich auch, welche Werte für $k_o - k_u$ bzw. k_o/k_u sich aus obiger Stichprobe vom Umfang 50 ergeben.

Aufgabe 3.27

Ein Sportartikelhersteller hat sich 2008 eine Maschine zur Produktion von Tischtennisbällen angeschafft. Das (in Gramm gemessene) Gewicht X eines der Produktion zufällig entnommenen Balles wird als normalverteilt angenommen.

a) Aus der Produktion der ersten Woche wurden 24 Bälle zufällig entnommen und gewogen. Es ergaben sich folgende Werte x_i:

2,70	2,73	2,75	2,67	2,72	2,66	2,67	2,67
2,76	2,65	2,72	2,71	2,74	2,67	2,68	2,64
2,69	2,73	2,67	2,70	2,71	2,74	2,75	2,67

Berechnen Sie hiermit ein Schätzintervall für die Varianz σ^2 von X zum Konfidenzniveau 0,99.

b) Nachdem die Maschine ein halbes Jahr in Betrieb ist und in der Zwischenzeit viele Stichproben entnommen worden sind, gilt für die Standardabweichung $\sigma = \sqrt{\text{Var}(X)}$ der Wert 0,04 als sicher. Ob die Maschine bezüglich des Gewichts der Bälle den hypothetischen Erwartungswert $\mu_0 = 2{,}70$ hinreichend genau einhält, wird laufend dadurch kontrolliert, dass nach je zwei Stunden zehn Bälle der Produktion zufällig entnommen werden und das arithmetische Mittel $\bar{x}$ des Gewichts dieser 10 Bälle in eine Kontrollkarte des in Beispiel 14.3 beschriebenen Typs eingetragen wird. Mit welchen Warngrenzen (zu $\alpha = 0{,}05$) bzw. Kontrollgrenzen (zu $\alpha = 0{,}01$) ist $\bar{x}$ zu vergleichen?

Aufgabe 3.28*

Wie groß hätte der Stichprobenumfang n in Teil a) von Aufgabe 3.27 sein müssen, um zu garantieren, dass der Quotient v_o/v_u aus Ober- bzw. Untergrenze des entstehenden Schätzintervalls für σ^2 (zu $1 - \alpha = 0{,}99$) höchstens 3 ist?

Aufgabe 3.29

Um Aufschluss über den – als normalverteilt vorausgesetzten – Wasserverbrauch X im Kochwaschprogramm bei einem neu entwickelten Waschmaschinenmodell zu gewinnen, wurden 10 Probeläufe durchgeführt. Dabei wurden insgesamt

$$\sum_{i=1}^{10} x_i = 1\,024$$

Liter Wasser verbraucht. Ferner erhielt man als Summe der Abstandsquadrate vom Wert 102 (in dessen Nähe man $E(X)$ vermutet) das Ergebnis

$$\sum_{i=1}^{10} (x_i - 102)^2 = 7{,}85 \, .$$

Wir unterscheiden zwei Fälle:

- Fall I: Für die Standardabweichung von X wird (aufgrund der Erfahrungen mit den bisherigen Modellen desselben Herstellers) der Wert $\sigma = 0{,}7$ als bekannt angenommen.
- Fall II: Die Standardabweichung von X wird als unbekannt angenommen.

a) Führen Sie für jeden der beiden Fälle eine Intervallschätzung für $E(X)$ zum Konfidenzniveau 0,99 durch.
b) Testen Sie für jeden der beiden Fälle zum Signifikanzniveau $\alpha = 0{,}01$, ob der vermutete Wert 102 für $E(X)$ zutrifft oder nicht.

Aufgabe 3.30*

Für die Besitzer von (netzabhängigen und nicht batteriegepufferten) Radioweckern in einem Hochhaus ist die Anzahl X der Nächte pro Jahr, in denen zwischen 22:00 Uhr und 07:00 Uhr mindestens einmal der Strom abgeschaltet wird, von Interesse. Die in den letzten 6 Jahren aufgetretenen Ausprägungen $x_1, \ldots, x_6$ des Merkmals X können als Realisierung einer einfachen Stichprobe aus einer mit dem Parameter λ poissonverteilten Grundgesamtheit angesehen werden.

a) Konstruieren Sie nach den in Abschnitt 14.2 beschriebenen Prinzipien einen Signifikanztest zum Niveau $\alpha = 0{,}1$, mit dem sich gegebenenfalls die Hypothese, dass der Erwartungswert $E(X)$ höchstens gleich 1 ist, statistisch widerlegen lässt.
b) Berechnen Sie zu dem in Teil a) konstruierten Test (falls nötig, unter Benutzung der in Tabelle A.8 angegebenen Approximationsmöglichkeit) die Gütefunktion an den Stellen $\lambda \in \{\frac{1}{2}, 1, \frac{4}{3}, \frac{5}{3}, 2, 3\}$.
c) Ist der in Teil a) konstruierte Test unverfälscht? Beantworten Sie diese Frage nicht für das vorgegebene Signifkanzniveau $\alpha = 0{,}1$, sondern für die tatsächlich erreichte maximale Wahrscheinlichkeit $\tilde{\alpha}$ des Fehlers 1. Art.
d) Folgende Werte $x_1, \ldots, x_6$ seien aufgetreten:

$$1 \quad 3 \quad 0 \quad 1 \quad 2 \quad 1$$

Führen Sie den Test mit diesen Daten durch.

Aufgabe 3.31

Aufgrund einiger Angriffe durch Kampfhunde auf Personen gibt es den Vorschlag, sämtliche Kampfhunde unverzüglich einzuschläfern. Jemand stellt die Hypothese auf, der Anteil p der Befürworter dieses Vorschlags in der deutschen Bevölkerung betrage 40 %. Diese Hypothese soll im Folgenden getestet werden (gegen H_1: der Anteil der Befürworter ist größer als 40 %), wobei ein Signifikanzniveau von 0,1 zugrunde gelegt wird.

In einer zunächst erhobenen einfachen Stichprobe vom Umfang 10 waren 6 Befürworter obigen Vorschlags.

a) Begründen Sie, weshalb kein approximativer Test anwendbar ist.
b) Führen Sie einen geeigneten Test durch.
c) Bestimmen Sie zu dem in Teil b) durchgeführten Test den (exakten) Wert der Wahrscheinlichkeit des Fehlers 1. Art.

Eine weitere einfache Stichprobe ergab 48 Befürworter obigen Vorschlags unter 96 Befragten.

d) Wenden Sie einen für diese zweite Stichprobe geeigneten Test an.

Aufgabe 3.32

In einer Großstadt stehen 2 400 Parkuhren. 144 dieser Parkuhren wurden zufällig ausgewählt und zu verschiedenen – ebenfalls zufällig ausgewählten – Zeitpunkten (Minuten) innerhalb einer Woche überprüft. Dabei wurden insgesamt 36 „Falschparker" festgestellt, d. h. in 36 Fällen war die zulässige Höchstparkdauer überschritten. Im Folgenden bezeichne p den Anteil der Parkuhren, die (zu einem zufälligen Zeitpunkt) durch Falschparker besetzt sind, und es werde angenommen, dass p nicht von der speziell gewählten Woche abhängt.

a) Bestimmen Sie zum Konfidenzniveau 0,92 ein Schätzintervall für p.
b) Testen Sie zum Signifikanzniveau 0,04 die im Stadtrat aufgestellte Behauptung H_0, der Anteil der von Falschparkern besetzten Parkuhren sei höchstens 20 %.
c) Schätzen Sie aus den obigen Daten die (durch Falschparker an Parkuhren) zu erwartende tägliche Bußgeld-Einnahme in dieser Großstadt, wenn in Zukunft (jeweils aufgrund einer Zufallsauswahl) die Hälfte der 2 400 Parkuhren täglich einmal überprüft werden wird und das Falschparken je 10 Euro kostet. Verwenden Sie dabei eine erwartungstreue Schätzfunktion.

Aufgabe 3.33

An einer Straße durch ein Wohngebiet werden Schilder aufgestellt mit dem Text: „Freiwillig Tempo 30 der Kinder wegen." Nach einer den Autofahrern zugestandenen Anpassungszeit von vier Wochen werden bei 200 PKW die gefahrenen Geschwindigkeiten x_i (in km/h) registriert. Die Daten liegen in folgender Form vor:

Gruppe j	Geschwindigkeit x_i aus dem Intervall	Häufigkeit h_j	Gruppenmittelwert $\bar{x}_j$
1	0 bis unter 30	0	–
2	30 bis unter 40	10	38
3	40 bis unter 50	20	47
4	50 bis unter 60	140	54
5	60 bis unter 80	30	64

Für die mittlere quadratische Abweichung aller gefahrenen Geschwindigkeiten gilt:

$$\frac{1}{200} \sum_{i=1}^{200} (x_i - \bar{x})^2 = 49{,}75 \ .$$

a) Errechnen Sie das arithmetische Mittel der Geschwindigkeiten aller 200 PKW.

b) Skizzieren Sie das dazugehörige Histogramm.

c) Vor Aufstellung der Schilder wurden in der Straße durchschnittlich 55 km/h gefahren. Fassen Sie die 200 registrierten Geschwindigkeiten als Realisierung einer einfachen Stichprobe auf und testen Sie zum Signifikanzniveau $\alpha = 0{,}01$ die Hypothese H_0, dass der Erwartungswert μ der gefahrenen Geschwindigkeiten nach Aufstellung der Schilder gleich 55 geblieben ist (gegen H_1: $\mu < 55$).

Aufgabe 3.34

Als Grenzwert der radioaktiven Belastung von Lebensmitteln galt im Sommer 1985 ein Wert von 10 Bq/kg, im Sommer 1987, dem Jahr nach dem Reaktorunfall von Tschernobyl, dagegen ein Wert von 600 Bq/kg. Bei 50 im Sommer 1985 in Bayern durchgeführten Messungen der Strahlenbelastung von Maronenröhrlingen seien die Werte $x_1, \ldots, x_{50}$ registriert worden mit $x_1 + \cdots + x_{50} = 375$ und $x_1^2 + \cdots + x_{50}^2 = 7\,378$. Bei 5 entsprechenden Messungen im Sommer 1987 in einem bayerischen Landkreis seien die Werte 416, 182, 630, 317 und 410 Bq/kg aufgetreten.

Es sei gerechtfertigt, jede der beiden Messreihen als Ergebnis einer einfachen Stichprobe zu interpretieren; die 5 Messungen von 1987 seien ferner als Realisierungen normalverteilter Zufallsvariablen anzusehen. Lässt sich dann zum Signifikanzniveau $\alpha = 0{,}025$ statistisch bestätigen, dass der Erwartungswert der radioaktiven Belastung von Maronenröhrlingen im Sommer 1985 in Bayern bzw. im Sommer 1987 im betrachteten Landkreis unter dem jeweils gültigen Grenzwert lag?

Aufgabe 3.35

Ein Hersteller von Fahrrädern könnte seine Räder mit Hydraulikbremsen ausrüsten; dies wäre jedoch mit einer Preiserhöhung von 80 Euro pro Fahrrad verbunden. Zuvor soll zur Irrtumswahrscheinlichkeit 0,05 getestet werden, ob der Anteil p der potenziellen Käufer, die sich trotz dieser Mehrkosten für ein Fahrrad mit Hydraulikbremsen entscheiden würden, höchstens 15 % beträgt ($\hat{=} H_0$) oder nicht ($\hat{=} H_1$). Im Rahmen einer einfachen Stichprobe erklärten 33 von 120 potenziellen Käufern, sie würden unter den gegebenen Bedingungen ein Fahrrad mit Hydraulikbremsen vorziehen. Zu welcher Aussage führt der Test?

Aufgabe 3.36

Die Temperatur X in einer Kühltruhe, die stets möglichst exakt -18 Grad (Celsius) betragen sollte, unterliegt gewissen Schwankungen. Bei $n = 20$ Messungen zu zufällig ausgewählten Zeitpunkten (die soweit auseinander lagen, dass Unabhängigkeit unterstellt werden kann) ergab sich das Stichprobenmittel $\bar{x} = -18{,}44$ und ferner der Wert $x_1^2 + \cdots + x_{20}^2 = 6\,806{,}15$. Dabei seien die Beobachtungswerte x_i als Realisierungen normalverteilter Stichprobenvariablen anzusehen.

Testen Sie zum Signifikanzniveau 0,05 die Hypothese H_0, dass die Standardabweichung σ von X höchstens gleich 0,5 ist (gegen H_1: $\sigma > 0{,}5$)

a) unter der Annahme, dass die Temperatur im Mittel den Sollwert von -18 Grad einhält bzw.

b) ohne diese Annahme.

Aufgabe 3.37

Nachdem eine Firma für ihr Produkt vier Wochen lang sowohl im Fernsehen als auch durch Plakate geworben hat, werden 250 Personen befragt, ob sie sich an diese Fernseh- bzw. Plakatwerbung erinnern. Die Befragungsergebnisse, die sich als Realisierung einer zweidimensionalen einfachen Stichprobe auffassen lassen, sind in folgender Tabelle zusammengestellt:

an Fernsehwerbung \ an Plakatwerbung	erinnern sich	erinnern sich nicht
erinnern sich	42	63
erinnern sich nicht	28	117

Lässt sich hiermit zum Signifikanzniveau $\alpha = 0{,}05$ statistisch bestätigen, dass sich von den potenziellen Käufern des Produkts mehr an die Fernsehwerbung als an die Plakatwerbung erinnern?

Aufgabe 3.38

Von einer Firma wird ein neuer, asbestfreier Bremsbelag N entwickelt. Er soll bezüglich der Abriebbeständigkeit mit einem bisher verwendeten asbesthaltigen Bremsbelag A verglichen werden. Dazu werden 40 Scheiben mit dem Belag N unter gewissen vorgegebenen Versuchsbedingungen über einen bestimmten Zeitraum hinweg einer starken Reibung unterzogen, und anschließend wird gemessen (in hundertstel Millimetern), wie viel vom Belag abgerieben ist. Von den resultierenden Werten $x_1, \ldots, x_{40}$ sind das arithmetische Mittel $\bar{x} = 17$ und der Wert $s_1^2 = 8,4$ für die Stichprobenvarianz bekannt. Aus einer früheren Untersuchung, in der 100 Scheiben mit dem Belag A unter den nämlichen Versuchsbedingungen getestet wurden, liegen von den Ergebnissen $y_1, \ldots, y_{100}$ die Merkmalssumme $y_1 + \cdots + y_{100} = 1\,640$ und der Wert $(y_1 - \bar{y})^2 + \cdots + (y_{100} - \bar{y})^2 = 891$ vor.

Testen Sie zur Irrtumswahrscheinlichkeit 0,02, ob bezüglich des – unter den vorgegebenen Versuchsbedingungen auftretenden – mittleren Abriebs der Belag N mindestens so gut ist wie der Belag A ($\hat{=} H_0$) oder nicht ($\hat{=} H_1$).

Ab welcher Grenze α' für die Irrtumswahrscheinlichkeit kommt man bei obigen Daten zur Ablehnung von H_0?

Aufgabe 3.39

Die Unternehmensberatung Schlau & Berger AG nutzt sogenannte Assessment Center (AC) zur Rekrutierung qualifizierter Nachwuchskräfte. Im Rahmen des letzten AC wurden 64 Bachelor-Absolventen der BWL und 36 Bachelor-Absolventen der VWL im Hinblick auf ihre Statistik-Kenntnisse beurteilt und diesbezüglich jeweils mit „gut" oder mit „schlecht" bewertet. Dabei wurden 58 dieser 100 Bewerber als „gut" eingestuft; darunter waren 38 BWL-Absolventen.

Diese Ergebnisse dürfen im Folgenden so behandelt werden, als wären die 64 BWL-Absolventen bzw. die 36 VWL-Absolventen zufällig und mit Zurücklegen aus der jeweiligen Grundgesamtheit G_1 bzw. G_2 aller Bachelor-Absolventen der BWL bzw. der VWL ausgewählt worden.

a) Roland Schlau, Gründungsmitglied und Vorstandsvorsitzender der Schlau & Berger AG, vermutet, dass sich die Grundgesamtheiten G_1, G_2 bezüglich ihrer Anteile an Personen, welche über gute Kenntnisse in Statistik verfügen, voneinander unterscheiden. Lässt sich diese Vermutung zum Signifikanzniveau 5 % statistisch bestätigen?

b) Berechnen Sie zu obigen Daten und dem in Teil a) durchgeführten Test – gegebenenfalls mithilfe einer linearen Interpolation – das empirische Signifikanzniveau und interpretieren Sie Ihr Ergebnis.

Aufgabe 3.40

Von zwei benachbarten Mineralwasser-Quellen I, II wurden bezüglich des Magnesium-Gehalts zwei unabhängige einfache Stichproben erhoben, wobei die in folgender Tabelle aufgelisteten Werte (in mg pro Liter) aufgetreten sind:

| zu I: | 18,7 | 20,4 | 19,6 | 20,8 | 22,5 | 19,2 |
| zu II: | 24,3 | 21,6 | 23,5 | 24,0 | 26,2 | 19,8 |

Die Daten können als Realisierungen normalverteilter Stichprobenvariablen angesehen werden.

a) Testen Sie zum Signifikanzniveau $\alpha = 0{,}05$, ob die beiden Quellen im Mittel denselben Magnesium-Gehalt liefern oder nicht

  - unter der Annahme, dass die Varianz des Magnesium-Gehalts in beiden Quellen gleich ist bzw.

  - ohne diese Annahme.

b) Kann aufgrund der vorliegenden Daten die in Teil 1a) formulierte Annahme statistisch widerlegt werden (zum Signifikanzniveau $\alpha = 0{,}1$)?

Aufgabe 3.41

In drei Großstädten wurden bei jeweils 4 Wohnungen vergleichbarer Ausstattung die Brutto-Mieten (in Euro je m^2) erhoben. Es ergaben sich im Einzelnen folgende Werte:

Stadt I:	10,–	9,80	11,–	9,20
Stadt II:	14,–	12,–	10,–	12,–
Stadt III:	11,–	9,50	13,–	10,50

Nehmen Sie die Voraussetzungen für die einfache Varianzanalyse als gegeben an und testen Sie mittels dieser Stichprobe zu $\alpha = 0{,}05$ die Hypothese, dass die durchschnittliche Brutto-Miete je m^2 für Wohnungen der betrachteten Qualitätsstufe in den drei Großstädten gleich ist, gegen die Hypothese, dass hierbei Unterschiede bestehen.

Aufgabe 3.42

a) Um zu klären, inwieweit Alkoholgenuss das Reaktionsvermögen beeinträchtigt, wurden bei insgesamt 18 Personen unter gewissen Versuchsbedingungen Reaktionszeiten gemessen (in Sekunden). Zum Versuchszeitpunkt betrug der Blutalkoholgehalt bei 7 Personen je 0,0 Promille, bei 5 Personen je 0,3 Promille und bei 6 Personen je 0,8 Promille. Es ergaben sich folgende Reaktionszeiten:

bei 0,0 Promille:	0,17	0,29	0,25	0,27	0,32	0,21	0,24
bei 0,3 Promille:	0,26	0,18	0,34	0,26	0,21		
bei 0,8 Promille:	0,46	0,31	0,38	0,52	0,34	0,39	

Testen Sie unter der Annahme, dass alle 18 Werte Realisierungen unabhängiger normalverteilter Zufallsvariablen mit stets derselben Varianz sind, die Hypothese, dass die Erwartungswerte der Reaktionszeiten bei 0,0 Promille, bei 0,3 Promille bzw. bei 0,8 Promille übereinstimmen (zu $\alpha = 0,01$).

b) Die in Teil a) erhaltenen Daten werden nun zum Anlass genommen zur Aufstellung der Hypothese H_0, dass sich die Reaktionszeiten beim Übergang von 0,0 Promille auf 0,8 Promille im Erwartungswert auf das 1,6-fache erhöhen. Zur Überprüfung von H_0 werden jetzt bei 4 (zufällig ausgewählten) Personen je zwei (ebenfalls als normalverteilt angenommene) Reaktionszeiten gemessen, nämlich zunächst die Reaktionszeit X_i bei 0,0 Promille, dann (nach entsprechenden Vorbereitungen) die Reaktionszeit Y_i bei 0,8 Promille, wobei sich ergibt:

Person i	1	2	3	4
x_i	0,20	0,15	0,25	0,20
y_i	0,28	0,29	0,44	0,31

Testen Sie H_0 zum Signifikanzniveau $\alpha = 0,05$, indem Sie die X_i umrechnen in $X_i' = 1,6 X_i$. Wählen Sie als Alternativhypothese die Beziehung $\mu_{x'} < \mu_y$, wobei $\mu_{x'} = E(X_i')$ und $\mu_y = E(Y_i)$ gesetzt sind.

Aufgabe 3.43

In einer Kleinstadt teilen sich fünf Apotheken den Markt mit folgenden Anteilen

Apotheke	1	2	3	4	5
Marktanteil in %	15	10	20	35	20

a) Bestimmen Sie die Knickpunkte der dazugehörigen Lorenzkurve.
b) Berechnen Sie den Gini-Koeffizienten.
c) Innerhalb einer bestimmten Stunde wurden bei jeder der fünf Apotheken die eintretenden Kunden gezählt mit folgenden Ergebnissen:

Apotheke	1	2	3	4	5
Kunden	30	25	65	105	75

Nehmen Sie die angegebenen Daten als Realisierung einer einfachen Stichprobe an und testen Sie damit die Hypothese, dass die Verteilung der Kunden auf die einzelnen Apotheken den oben angegebenen Marktanteilen der Apotheken entspricht (zu $\alpha = 0,05$).

Aufgabe 3.44

Die von einer Maschine M_0 hergestellten Stücke werden nach ihrer Fertigstellung einer Kontrolle unterzogen und anhand des Ergebnisses dieser Kontrolle mit einer der Qualitätsbezeichnungen 1, 2, 3 oder 4 beurteilt. Aufgrund langer Erfahrung sind die Wahrscheinlichkeiten für die einzelnen Qualitätsstufen bekannt:

Qualitätsstufe bei M_0	1	2	3	4
Wahrscheinlichkeit	0,18	0,32	0,40	0,10

Die Leitung der Firma steht vor der Frage, ob die Maschine M_0 durch eine andere Maschine M_1 ersetzt werden soll. Von M_1 ist lediglich bekannt, dass bei einem Probelauf von 100 Stück, der als einfache Stichprobe angesehen werden kann, die vier Qualitätsstufen mit folgenden Häufigkeiten auftraten:

Qualitätsstufe bei M_1	1	2	3	4
Häufigkeit	24	36	30	10

Testen Sie jeweils zum Signifikanzniveau 0,05,

a) ob M_1 bezüglich der Qualitätsstufen dieselbe Verteilung besitzt wie M_0,
b) ob der Erwartungswert μ_1 der Qualitätsstufe bei Einsatz der Maschine M_1 größer oder gleich dem entsprechenden Erwartungswert μ_0 bei Maschine M_0 ist (gegen H_1: $\mu_1 < \mu_0$).

Aufgabe 3.45

In einer Autowerkstatt ist der tägliche Verbrauch eines bestimmten Reinigungsmittels eine (in Litern gemessene) Zufallsvariable X, deren Wahrscheinlichkeitsverteilung sich über einen längeren Zeitraum hinweg nicht ändert. Ferner seien die Mengen, die von dem Mittel an zwei verschiedenen Tagen verbraucht werden, stets voneinander unabhängig. Für X wird folgende stetige Dichtefunktion als möglich erachtet:

$$f_0(x) = \begin{cases} 0, & \text{falls} \quad x < 0 \\ ax, & \text{falls} \quad 0 \leq x \leq 1 \\ \dfrac{b}{x^2}, & \text{falls} \quad x > 1 \,. \end{cases}$$

a) Bestimmen Sie a, b so, dass $f_0(x)$ tatsächlich eine stetige Dichtefunktion ist.
b) Bestimmen Sie drei Intervalle

$$A_1 = (-\infty; z_1]\,, \quad A_2 = (z_1, z_2]\,, \quad A_3 = [z_2; \infty)$$

so, dass $P(X \in A_j) = \frac{1}{3}$ für $j = 1, 2, 3$ gilt, falls X gemäß f_0 verteilt ist.

c) Im Ablauf von 30 Tagen ergaben sich folgende Verbrauchswerte x_i:

$$
\begin{array}{cccccccccc}
0{,}4 & 0{,}6 & 0{,}6 & 0{,}6 & 0{,}7 & 0{,}8 & 0{,}8 & 0{,}9 & 0{,}9 & 1{,}0 \\
1{,}0 & 1{,}1 & 1{,}2 & 1{,}2 & 1{,}3 & 1{,}3 & 1{,}4 & 1{,}5 & 1{,}8 & 1{,}8 \\
1{,}9 & 2{,}0 & 2{,}2 & 2{,}3 & 2{,}6 & 2{,}7 & 3{,}0 & 3{,}1 & 3{,}4 & 3{,}8
\end{array}
$$

Zeigen Sie, dass (bei Verwendung der in Teil b) berechneten Zerlegung in die Intervalle A_1, A_2, A_3) die Prämisse, dass X gemäß f_0 verteilt ist, nicht verworfen werden kann, wenn die Wahrscheinlichkeit für eine ungerechtfertigte Ablehnung dieser Prämisse nur 0,025 betragen soll.

Aufgabe 3.46

Zur Größe $X = $ „Zeitdauer der Abfertigung eines Kunden an der Kasse eines Supermarktes" wurde eine einfache Stichprobe vom Umfang 50 beobachtet. Dabei lagen die Abfertigungszeiten (in Sekunden) mit folgenden Häufigkeiten h_j in den Intervallen I_j:

j	1	2	3	4
I_j	$[0; 15]$	$(15; 30]$	$(30; 45]$	$(45; 60]$
h_j	2	7	7	10

j	5	6	7	8
I_j	$(60; 90]$	$(90; 120]$	$(120; 180]$	$(180; \infty)$
h_j	12	6	4	2

Das Stichprobenmittel betrug 54 Sekunden. Bitte testen Sie zum Signifikanzniveau $\alpha = 0{,}05$, ob X einer Exponentialverteilung genügt.

Aufgabe 3.47

In einer Umfrage unter 2 000 zufällig ausgewählten erwachsenen Bundesbürgern wurde bezüglich der Einstellung der Bevölkerung zu Managern folgende Kontingenztabelle erhoben:

Altersgruppe \ Einstellung zu Managern	positiv	negativ	neutral
18 bis 30 Jahre	195	340	65
31 bis 45 Jahre	220	320	160
über 45 Jahre	385	180	135

Testen Sie zum Signifikanzniveau 0,01, ob zwischen dem Alter und der Einstellung zu Managern Unabhängigkeit besteht.

Aufgabe 3.48

a) Von $n = 120$ Beschäftigten einer Firma gehören je 30 der Lohngruppe 1 bzw. 3 und die restlichen 60 der Lohngruppe 2 an. Dabei sind die Lohngruppen wie folgt gebildet:

Lohngruppe	monatliches Bruttoeinkommen
1	von 0 bis unter 1 200
2	von 1 200 bis unter 2 400
3	von 2 400 bis unter 4 800

Skizzieren Sie das dazugehörige Histogramm.

b) Zusätzlich zur Lohngruppenzugehörigkeit wird bei denselben 120 Beschäftigten auch noch die „Nationalität" erhoben, wobei nur „deutsch" oder „ausländisch" anzugeben ist. Die bedingte Verteilung der Lohngruppenzugehörigkeit ergibt für die 40 Ausländer unter den 120 Beschäftigten die Werte 0,50; 0,45 bzw. 0,05 für die Lohngruppen 1, 2 bzw. 3. Erstellen Sie die zugrunde liegende Kontingenztabelle und berechnen Sie den Kontingenzkoeffizienten.

c) Die 120 Beschäftigten, zu denen obige Daten vorliegen, seien aus der Gesamtbelegschaft der Firma zufällig (mit Zurücklegen) ausgewählt worden. Testen Sie zum Signifikanzniveau $\alpha = 0,01$, ob die beiden Merkmale „Lohngruppenzugehörigkeit" und „Nationalität" in der Gesamtbelegschaft unabhängig sind.

Aufgabe 3.49

Der Anteil der Frauen in der Grundgesamtheit G der erwachsenen Bürger eines Landes betrage 55 %. Bezüglich der Schulbildung gliedere sich G wie folgt:

Schulbildung	Hauptschulabgänger	Personen mit mittlerer Reife	Personen mit Abitur
Anteil	40 %	30 %	30 %

Um Aufschluss darüber zu erhalten, ob zwischen Geschlecht und Schulbildung ein Zusammenhang besteht, wurde eine einfache (zweidimensionale) Stichprobe vom Umfang $n = 1\,000$ in G erhoben, die folgende Ergebnisse lieferte:

	Hauptschule	mittlere Reife	Abitur
weiblich	231	178	132
männlich	162	135	162

Lässt sich aufgrund dieser Daten die Hypothese, dass in der betrachteten Grundgesamtheit die Merkmale Geschlecht und Schulbildung abhängig sind, zum Signifikanzniveau $\alpha = 0,05$ statistisch bestätigen?

Aufgabe 3.50

In einer einfachen Stichprobe wurde bei 40 LKW-Fahrern die seit der letzten größe-ren Fahrpause (von mindestens 8 Stunden Dauer) gefahrene Strecke X (in km) erhoben und die Fahrer wurden dann einem Reaktionstest unterzogen, bei dem unter vorgegebe-nen Versuchsbedingungen eine Reaktionszeit Y (in Hundertstelsekunden) festgestellt wurde. Die Ergebnisse liegen in folgender Tabelle vor:

Strecke x_i aus	dabei aufgetretene Reaktionszeiten y_i										
[0;200]	13	14	14	15	15	16	17	18			
(200;400]	12	15	16	18	19	19	20	22	23		
(400;600]	13	14	16	17	18	19	21	23	24	25	26	32
(600;1 000]	18	20	24	25	27	31					
(1 000;1 600]	19	24	28	33	47						

Testen Sie, ob zwischen der gefahrenen Strecke X und der Reaktionszeit Y Unabhän-gigkeit besteht oder nicht. Für die Wahrscheinlichkeit des Fehlers 1. Art sei dabei der Wert 0,1 zugelassen.

Aufgabe 3.51

Herr Z. ist als Paketzusteller für einen bestimmten Bezirk zuständig. Mit X ist im Fol-genden die (in Minuten gemessene) Zeit bezeichnet, die Herr Z. an einem beliebigen Werktag zwischen Januar und November (also außerhalb der Vorweihnachtszeit) für die Zustellung der Pakete in seinem Bezirk braucht, und mit Y die (in Kilometern gemessene) Strecke, die er dabei mit seinem Fahrzeug zurücklegt. Die gemeinsame Wahrscheinlichkeitsverteilung von X und Y sei an allen Werktagen in den angegebe-nen Monaten stets dieselbe.

24 Werktage zwischen Januar und November wurden zufällig ausgewählt und dabei die Zeiten x_i und die Strecken y_i ($i = 1, \ldots, 24$) beobachtet. Von den Ergebnissen ist Folgendes bekannt:

$$\bar{x} = \frac{1}{24} \sum_{i=1}^{24} x_i = 266 , \quad \sum_{i=1}^{24} (x_i - \bar{x})^2 = 86\,400 ,$$

$$\sum_{i=1}^{24} y_i = 636 , \quad \sum_{i=1}^{24} y_i^2 = 17\,454 , \quad \sum_{i=1}^{24} x_i y_i = 172\,776 .$$

Ferner ist bekannt, dass von den x_i-Werten sieben im Intervall $[180; 240]$, neun im Intervall $(240; 300]$ und die restlichen im Intervall $(300; 360]$ lagen.

a) Es gibt die Vermutung, X könne eine bestimmte Verteilungsfunktion F_0 besitzen, die an den relevanten Intervallgrenzen folgende Werte annimmt:

x	180	240	300	360
$F_0(x)$	0	0,25	0,75	1

Kann diese Vermutung durch einen Test zum Signifikanzniveau 0,1 statistisch widerlegt werden?

b) Nun darf (X, Y) als bivariat normalverteilt mit dem Korrelationskoeffizienten ϱ angenommen werden. Überprüfen Sie, ob

   i) die Hypothese $\varrho \neq 0$ bzw.

   ii) die Hypothese $\varrho > 0$

zum Signifikanzniveau 0,01 statistisch bestätigt werden kann.

Lösungen zur induktiven Statistik

Lösung zu Aufgabe 3.1

a) Man erhält die Zahlen

$$k_1 = 9\,864\,, \quad k_2 = 3\,808\,, \quad k_3 = 6\,745\,,$$
$$k_4 = 3\,669\,, \quad k_5 = 6\,502\,, \quad k_6 = 3\,834\,, \ldots$$

und somit

$$\ell_1 = 4\,864\,, \quad \ell_2 = 3\,808\,, \quad \ell_3 = 1\,745\,,$$
$$\ell_4 = 3\,669\,, \quad \ell_5 = 1\,502\,, \quad \ell_6 = 3\,834\,, \ldots$$

Ausgewählt werden auf diese Weise – indem bei $\ell_i > 4\,378$ auf ℓ_{i+1} übergegangen wird – die 20 Kunden mit den Nummern

3 808	1 745	3 669	1 502	3 834	2 119	4 026	3 024	1 915	644
49	3 667	302	162	555	3 901	2 064	3 409	4 189	92 .

b) Da entsprechend dem Modell „mit Zurücklegen" ausgewählt wird, handelt es sich um eine (4-dimensionale) einfache Stichprobe.

c) Stichprobenraum $= \{((x_1, y_1, z_1^b, z_1^n), \ldots, (x_{20}, y_{20}, z_{20}^b, z_{20}^n)) :$
$$x_i \in \{0, 1\}; \; y_i \in \mathbb{N}; \; z_i^b, z_i^n \in \{1, \ldots, 5\}\}.$$
(Der Wertebereich der y_i lässt sich eventuell durch Angabe einer Obergrenze beschränken.)

d) In Bezug auf X ist die Grundgesamtheit dichotom bzw. genauer $B\left(1; \frac{2\,159}{4\,378}\right)$-verteilt (da $x_i = 1$ für weiblich steht).

Lösung zu Aufgabe 3.2

a) •
$$0{,}2 = P(X_i > c_1)$$
$$\Longleftrightarrow \quad 0{,}8 = P(X_i \leq c_1) = \Phi\left(\frac{c_1 - 7{,}2}{0{,}8}\right) \quad \text{vgl. (81)}$$
$$\Longleftrightarrow \quad \frac{c_1 - 7{,}2}{0{,}8} = 0{,}842 \quad\quad\quad\quad \text{siehe Tabelle A.3}$$
$$\Longleftrightarrow \quad c_1 = 7{,}87\,.$$

- Nach 11.2.4 genügt $\bar{X}$ einer $N\left(7{,}2; \frac{0{,}8}{\sqrt{51}}\right)$-Verteilung; hieraus folgen die Äquivalenzen:

$$0{,}8 = P(\bar{X} > c_2)$$
$$\Longleftrightarrow \quad 0{,}2 = P(\bar{X} \leq c_2) = \Phi\left(\frac{c_2 - 7{,}2}{0{,}8} \sqrt{51}\right)$$
$$\Longleftrightarrow \quad 0{,}8 = \Phi\left(\frac{7{,}2 - c_2}{0{,}8} \sqrt{51}\right) \qquad \text{vgl. (81)}$$
$$\Longleftrightarrow \quad \frac{7{,}2 - c_2}{0{,}8} \sqrt{51} = 0{,}842$$
$$\Longleftrightarrow \quad c_2 = 7{,}11 \; .$$

- Nach 11.2.4 genügt

$$Z = \frac{1}{0{,}64} \sum_{i=1}^{51} (X_i - 7{,}2)^2$$

einer $\chi^2(51)$-Verteilung; somit gilt

$$0{,}8 = P\left(\sum_{i=1}^{51} (X_i - 7{,}2)^2 > c_3\right) = P\left(Z > \frac{c_3}{0{,}64}\right)$$

bzw.

$$0{,}2 = P\left(Z \leqq \frac{c_3}{0{,}64}\right),$$

d. h. $\frac{c_3}{0{,}64}$ ist das $0{,}2$-Fraktil $x_{0{,}2}$ der $\chi^2(51)$-Verteilung, welches sich mithilfe des $0{,}2$-Fraktils $\tilde{x}_{0{,}2} = -\tilde{x}_{0{,}8} = -0{,}842$ der $N(0; 1)$-Verteilung gemäß Seite 133 bestimmen lässt; damit erhalten wir

$$c_3 = 0{,}64 x_{0{,}2} = 0{,}64 \cdot \frac{1}{2} \cdot (-0{,}842 + \sqrt{101})^2 = 27{,}13 \; .$$

Nach Seite 133 gilt ferner

$$E\left(\sum_{i=1}^{51} (X_i - 7{,}2)^2\right) = E(0{,}64 Z) = 0{,}64 E(Z)$$
$$= 0{,}64 \cdot 51 = 32{,}64 \quad \text{und}$$
$$\text{Var}\left(\sum_{i=1}^{51} (X_i - 7{,}2)^2\right) = \text{Var}(0{,}64 Z) = 0{,}64^2 \text{Var}(Z)$$
$$= 0{,}4096 \cdot 102 = 41{,}78 \; .$$

b) Nach 11.2.4 genügen $T = \frac{\bar{Y} - \mu_2}{S_2}\sqrt{16}$ einer $t(15)$-Verteilung und $\frac{15}{\sigma_2^2} \cdot S_2^2$ einer
$\chi^2(15)$-Verteilung. Hieraus folgt

- aufgrund der Symmetrie der t-Verteilung:

$$
\begin{aligned}
P(|T| < c_4) &= P(-c_4 < T < c_4)\\
&= P(T < c_4) - P(T \leqq -c_4)\\
&= P(T < c_4) - P(T \geqq c_4)\\
&= P(T < c_4) - [1 - P(T < c_4)]\\
&= 2P(T < c_4) - 1 = 0{,}8
\end{aligned}
$$

$\Longleftrightarrow \quad \frac{1{,}8}{2} = 0{,}9 = P(T < c_4) = P(T \leqq c_4)$

$\Longleftrightarrow \quad c_4 = 1{,}341 \quad$ vgl. Tabelle A.4.

- $$P(S_2^2 \leqq c_5\sigma_2^2) = P\left(\frac{15}{\sigma_2^2} \cdot S_2^2 \leqq 15c_5\right) = 0{,}8$$

$\Longleftrightarrow 15c_5 = 19{,}31 \Longleftrightarrow c_5 = 1{,}287 \quad$ vgl. Tabelle A.5.

c) Nach 11.2.4 gilt: $50S_1^2/\sigma_1^2$ ist $\chi^2(50)$-verteilt und $15S_2^2/\sigma_2^2$ ist $\chi^2(15)$-verteilt.
Wegen $\sigma_1^2 = \sigma_2^2$ erhalten wir somit für S_1^2/S_2^2 eine $F(50, 15)$-Verteilung. Folglich sind

$$
\mathrm{E}\left(\frac{S_1^2}{S_2^2}\right) = \frac{15}{13} = 1{,}15 \quad \text{und}
$$

$$
\mathrm{Var}\left(\frac{S_1^2}{S_2^2}\right) = \frac{2 \cdot 15^2 \cdot (15 + 50 - 2)}{50(15 - 4)(15 - 2)^2} = \frac{28\,350}{92\,950} = 0{,}31 \ .
$$

Ferner gilt:

- $$P\left(\frac{S_1^2}{S_2^2} > c_6\right) = 0{,}05 \Longleftrightarrow P\left(\frac{S_1^2}{S_2^2} \leqq c_6\right) = 0{,}95$$

$\Longleftrightarrow c_6 = 2{,}18 \quad$ vgl. Tabelle A.6 .

- Zu

$$
P\left(\frac{\sum\limits_{i=1}^{51}(X_i - \bar{X})^2}{\sum\limits_{i=1}^{16}(Y_i - \bar{Y})^2} > c_7\right) = P\left(\frac{50S_1^2}{15S_2^2} > c_7\right) = P\left(\frac{S_1^2}{S_2^2} > 0{,}3c_7\right) = 0{,}99
$$

ist äquivalent:

$$
P\left(\frac{S_1^2}{S_2^2} \leqq 0{,}3c_7\right) = 0{,}01 \Longleftrightarrow 0{,}3c_7 = \frac{1}{\tilde{x}_{0,99}}
$$

$$
\Longleftrightarrow c_7 = \frac{1}{0{,}3 \cdot 2{,}42} = 1{,}38 \ .
$$

Dabei ist $\tilde{x}_{0,99}$ gleich dem 0,99-Fraktil der $F(15, 50)$-Verteilung, vgl. (98).

Lösung zu Aufgabe 3.3

a) Aus $E(X_i) = p_1 + 2p_2$ und $E(X_i^2) = p_1 + 4p_2$ folgt mit (87), (88):

$$E(\hat{P}_1) = \frac{1}{n} \sum_{i=1}^{n} [2E(X_i) - E(X_i^2)] = \frac{1}{n} \sum_{i=1}^{n} (2p_1 + 4p_2 - p_1 - 4p_2) = p_1 \,,$$

$$E(\hat{P}_2) = \frac{1}{2n} \sum_{i=1}^{n} [E(X_i^2) - E(X_i)] = \frac{1}{2n} \sum_{i=1}^{n} (p_1 + 4p_2 - p_1 - 2p_2) = p_2 \,.$$

b) Wegen $p_0 = 1 - p_1 - p_2$ ist

$$1 - \hat{P}_1 - \hat{P}_2 = \frac{1}{n} \sum_{i=1}^{n} \left(1 - \tfrac{3}{2} \cdot X_i + \tfrac{1}{2} \cdot X_i^2\right)$$

erwartungstreu für p_0.

c) Folgende Tabelle gibt für $x_i = 0, 1$ oder 2 die resultierenden Werte von $2x_i - x_i^2$ bzw. von $\frac{1}{2} \cdot (x_i^2 - x_i)$ an:

x_i	0	1	2
$2x_i - x_i^2$	0	1	0
$\frac{1}{2} \cdot (x_i^2 - x_i)$	0	0	1

Hieraus folgt $\hat{P}_1 = \hat{\Theta}_1$ und $\hat{P}_2 = \hat{\Theta}_2$; d. h. $\hat{P}_j$ liefert für alle Stichprobenrealisationen das gleiche Schätzergebnis wie $\hat{\Theta}_j$, $j = 1, 2$.

Lösung zu Aufgabe 3.4

a)

$$E(X_i) = \int_0^1 x[\vartheta + 2(1 - \vartheta)x]\,dx = \left[\left(\frac{x^2\vartheta}{2} + \frac{2x^3(1-\vartheta)}{3}\right)\right]_0^1 = \frac{1}{6} \cdot (4 - \vartheta) \,,$$

$$E(X_i^2) = \int_0^1 x^2[\vartheta + 2(1 - \vartheta)x]\,dx = \left[\left(\frac{x^3\vartheta}{3} + \frac{x^4(1-\vartheta)}{2}\right)\right]_0^1 = \frac{1}{6} \cdot (3 - \vartheta) \,.$$

b)

$$E(\hat{\Theta}_1) = 4 - \frac{6}{n} \cdot n \cdot \frac{1}{6} \cdot (4 - \vartheta) = \vartheta \,,$$

$$E(\hat{\Theta}_2) = 3 - \frac{6}{n} \cdot n \cdot \frac{1}{6} \cdot (3 - \vartheta) = \vartheta \,.$$

c) Die Gültigkeit von

$$E(\hat{\Theta}) = \frac{1}{n} \cdot \left[\alpha n \cdot \frac{1}{6} \cdot (4 - \vartheta) + \beta n \cdot \frac{1}{6} \cdot (3 - \vartheta)\right]$$

$$= \frac{1}{6} \cdot [4\alpha + 3\beta - (\alpha + \beta)\vartheta] = \vartheta$$

für alle $\vartheta \in [0; 2]$ ist äquivalent zu

$$4\alpha + 3\beta = 0 \,, \quad \alpha + \beta = -6 \,, \quad \text{d. h. zu} \quad \alpha = 18 \,, \quad \beta = -24 \,.$$

Lösung zu Aufgabe 3.5

Es ist $\mathrm{Var}(\bar{X}) = \mathrm{Var}(X)/n \leq 65/n$. Die geforderte Bedingung $\mathrm{Var}(\bar{X}) \leq 1$ ist dann erfüllt, wenn $\frac{65}{n} \leq 1$ gilt, d. h. wenn $n \geq 65$ ist.

Lösung zu Aufgabe 3.6

Die Standardabweichung der Schätzfunktion $N \cdot \bar{X}$ ist

$$N \sqrt{\mathrm{Var}(\bar{X})} = N \cdot \frac{s}{\sqrt{n}} \ ,$$

wobei s nach Prämisse gleich der aus den Buchwerten errechneten Standardabweichung gesetzt werden darf. Die Genauigkeitsanforderung besagt

$$N \cdot \frac{s}{\sqrt{n}} \leq 0{,}005\,B \quad \text{bzw.} \quad \sqrt{n} \geq \frac{N\,s}{0{,}005\,B} \ ,$$

woraus sich durch Quadrieren und Einsetzen von N, B, s schließlich

$$n \geq \left(\frac{10\,000 \cdot 270}{0{,}005 \cdot 18\,000\,000} \right)^2 = 900$$

ergibt. Somit müssen mindestens 900 (d. h. 9 %) der Lagerpositionen körperlich erfasst werden.

Bemerkung: Nach § 241 (1) HGB ist eine Stichprobeninventur zulässig, wenn es sich „um ein anerkanntes mathematisch-statistisches Verfahren" handelt. Die freie Hochrechnung ist der einfachste Verfahrenstypus, der hierzu infrage kommt. Verfeinerte Verfahren stellen geschichtete Stichprobenverfahren (vgl. Aufgabe 3.17) oder gebundene Hochrechnungen dar. Obige Genauigkeitsanforderung kann folgendermaßen gedeutet werden: Ein Schätzintervall für den Lager-Ist-Wert zum Konfidenzniveau von etwa 0,95 entsteht durch Addition bzw. Subtraktion der zweifachen Schätz-Standardabweichung (wäre $N \cdot \bar{X}$ exakt normalverteilt, so müsste man das 1,96-fache nehmen). Bezeichnet man diese doppelte Standardabweichung als Schätzfehler, so wird offensichtlich gefordert, dass der Schätzfehler höchstens 1 % des Buchwertes betragen darf. Die eigentlich anzustrebende Forderung, dass der Schätzfehler höchstens 1 % des Ist-Wertes betragen soll, ist nicht operational, da der Ist-Wert im Zeitpunkt der Disposition über den Stichprobenumfang nicht bekannt ist. Man kann jedoch davon ausgehen, dass die eigentlich anzustrebende Genauigkeitsforderung nicht wesentlich verfehlt wird. Wegen weitergehender Fragen sei verwiesen auf Broermann (1987), Drexl (1985), Scherrer/Obermeier (1981), Sturm (1983).

Lösung zu Aufgabe 3.7

a) Einsetzen liefert den Schätzwert

$$\hat{p} = \frac{4}{3} - \frac{5}{3} \cdot \frac{600}{1\,000} = \frac{1}{3}.$$

b) Wegen

$$\mathrm{E}\left(\frac{1}{n}\sum_{i=1}^{n} A_i\right) = \mathrm{E}(A_i)$$

gilt

$$\mathrm{E}(\hat{P}) = \frac{4}{3} - \frac{5}{3} \cdot \mathrm{E}(A_i).$$

$\mathrm{E}(A_i) = P(A_i = 1)$ ist die Wahrscheinlichkeit für eine Ja-Antwort. Folgender Ereignisbaum veranschaulicht das Zustandekommen der Antworten:

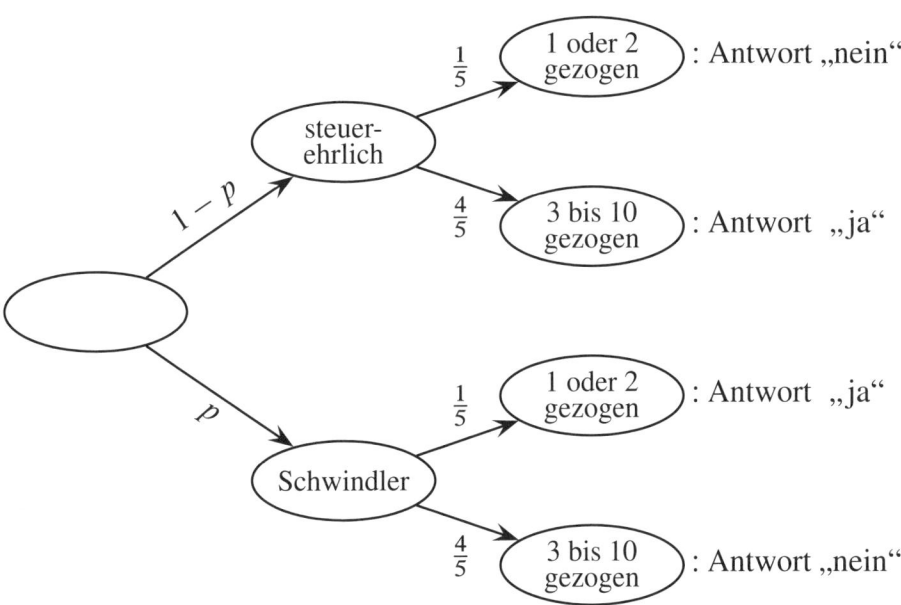

Demnach ist

$$\mathrm{E}(A_i) = (1 - p) \cdot \frac{4}{5} + p \cdot \frac{1}{5} = \frac{4}{5} - \frac{3}{5} \cdot p$$

und

$$\mathrm{E}(\hat{P}) = \frac{4}{3} - \frac{5}{3} \cdot \left(\frac{4}{5} - \frac{3}{5} \cdot p\right) = \frac{4}{3} - \frac{4}{3} + \frac{5}{3} \cdot \frac{3}{5} \cdot p = p,$$

sodass $\hat{P}$ erwartungstreu für p ist.

c) Unter Berücksichtigung des in Teil b) ermittelten Ergebnisses, dass A_i einer Binomialverteilung

$$B(1; \tilde{p}) \quad \text{mit} \quad \tilde{p} = \frac{4}{5} - \frac{3}{5} \cdot p$$

genügt, ergibt sich aus den gängigen Regeln für die Varianzbildung:

$$\text{Var}(\hat{P}) = \frac{25}{9} \cdot \text{Var}\left(\frac{1}{n} \sum_{i=1}^{n} A_i \right) = \frac{25}{9} \cdot \frac{\tilde{p}(1 - \tilde{p})}{n}$$

$$= \frac{25}{9n} \cdot \left(\frac{4}{5} - \frac{3}{5} \cdot p \right) \left[1 - \left(\frac{4}{5} - \frac{3}{5} \cdot p \right) \right]$$

$$= \frac{1}{n} \cdot \left(-p^2 + p + \frac{4}{9} \right).$$

Bemerkung: Dem Problem der Antwortverschlüsselung ist eine eigene Monografie gewidmet, nämlich Deffaa (1982).

Lösung zu Aufgabe 3.8*

a) Analog wie bei der Lösung von Aufgabe 3.7 kann man sich das Problem bzw. die Rechnung mittels eines Ereignisbaumes veranschaulichen. Im Fall eines beliebigen q-Wertes gilt:

$$\text{E}(A_i) = \text{Wahrscheinlichkeit für Ja-Antwort}$$
$$= (1 - p)q + p(1 - q) = q + p(1 - 2q) .$$

Ist $q = 0{,}5$, so gilt stets (d. h. für jedes p) $\text{E}(A_i) = 0{,}5$. Ein Rückschluss von der Empirie auf das wahre p ist dann unmöglich. Falls $q \neq 0{,}5$, kann p durch $\text{E}(A_i)$ ausgedrückt werden:

$$p = -\frac{q}{1 - 2q} + \frac{1}{1 - 2q} \cdot \text{E}(A_i) .$$

Da $E(A_i)$ erwartungstreu durch

$$\bar{A} = \frac{1}{n} \sum_{i=1}^{n} A_i$$

geschätzt werden kann, und da ferner obiger Zusammenhang linear ist, stellt

$$\hat{P} = -\frac{q}{1-2q} + \frac{1}{1-2q} \cdot \left(\frac{1}{n} \sum_{i=1}^{n} A_i \right)$$

eine erwartungstreue Schätzfunktion für p dar.

b) Analog wie in der Lösung von Aufgabe 3.7 besitzt $\hat{P}$ die Varianz

$$\text{Var}(\hat{P}) = \frac{1}{(1-2q)^2} \cdot \frac{\tilde{p}(1-\tilde{p})}{n}$$

mit

$$\tilde{p} = E(A_i) = q + p(1-2q) \, .$$

$\text{Var}(\hat{P})$ ist für jedes q ($q \neq 0{,}5$) eine in p quadratische Funktion, nämlich

$$\text{Var}(\hat{P}) = \frac{p(1-p)}{n} + \frac{q(1-q)}{n(1-2q)^2} \, .$$

Der Design-Parameter q wirkt nur auf das absolute Glied ein. Es liegt eine Schar parallel verschobener konkaver Parabeln vor. Das optimale Design ist durch das kleinste absolute Glied definiert. Aus der Wertetabelle

Parameter q	0,1	0,2	0,3	0,4	0,6	0,7	0,8	0,9
absolutes Glied	$\frac{0{,}14}{n}$	$\frac{0{,}44}{n}$	$\frac{1{,}31}{n}$	$\frac{6}{n}$	$\frac{6}{n}$	$\frac{1{,}31}{n}$	$\frac{0{,}44}{n}$	$\frac{0{,}14}{n}$

erkennt man: Wegen der Symmetrie (des absoluten Glieds um den Wert $q = 0{,}5$) ist sowohl die Prozedur für $q = 0{,}1$ wie diejenige für $q = 0{,}9$ optimal, d. h. das zur Antwort-Anonymisierung vereinbarte Lügen sollte entweder nur bei einer speziellen Karte oder bei neun Karten vorgesehen werden. Insbesondere sieht man, dass ein Zielkonflikt zwischen der Minimierung der Varianz und der Maximierung der Anonymisierung vorliegt.

Lösung zu Aufgabe 3.9

a) $E(\widehat{\Theta}_n) = E(\bar{X}_n) = \mu = \frac{b}{2}$ nach Tab. 11.1 und Tab. 9.1. Der Wertebereich von $Y = \max\{X_1, \dots, X_n\}$ ist (wie der Wertebereich der X_i) gleich $[0; b]$, und für einen Wert $y \in [0; b]$ gilt

$$
\begin{aligned}
F(y) &= P(Y \leq y) = P(\max\{X_1, \dots, X_n\} \leq y) = \\
&= P(\text{alle } X_i \text{ nehmen nur Werte} \leq y \text{ an}) = \\
&= P(X_1 \leq y, \dots, X_n \leq y) = P(X_1 \leq y) \cdot \dots \cdot P(X_n \leq y) \\
&= \frac{y}{b} \cdot \dots \cdot \frac{y}{b} = \frac{y^n}{b^n} \,,
\end{aligned}
$$

vgl. hierzu 8.7.4, und

$$
f(y) = \frac{n}{b^n} \cdot y^{n-1} \,.
$$

Hieraus folgt

$$
\begin{aligned}
E(\widehat{\Theta}'_n) &= E(\tfrac{1}{2} \cdot Y) = \tfrac{1}{2} \cdot E(Y) = \frac{1}{2} \cdot \int_0^b y f(y) \, dy = \frac{n}{2b^n} \cdot \left[\frac{y^{n+1}}{n+1}\right]_0^b \\
&= \frac{n}{n+1} \cdot \frac{b}{2} = \frac{n}{n+1} \cdot \mu
\end{aligned}
$$

und

$$
E(\widehat{\Theta}^*_n) = \frac{n+1}{n} \cdot E(\widehat{\Theta}'_n) = \mu \,.
$$

Folglich sind $\widehat{\Theta}_n$ und $\widehat{\Theta}^*_n$ erwartungstreu für μ. $\widehat{\Theta}'_n$ ist asymptotisch erwartungstreu für μ.

b) Nach Tab. 11.1 und Tab. 9.1 berechnet man

$$
\mathrm{Var}(\widehat{\Theta}_n) = \mathrm{Var}(\bar{X}_n) = \frac{\mathrm{Var}(X)}{n} = \frac{b^2}{12n} \,,
$$

$$
\begin{aligned}
\mathrm{Var}(\widehat{\Theta}^*_n) &= E(\widehat{\Theta}^{*2}_n) - [E(\widehat{\Theta}^*_n)]^2 \\
&= E\left(\frac{(n+1)^2}{4n^2} \cdot Y^2\right) - \mu^2 = \frac{(n+1)^2}{4n^2} \cdot E(Y^2) - \frac{b^2}{4} \,.
\end{aligned}
$$

Mit

$$
E(Y^2) = \int_0^b y^2 f(y) \, dy = \left[\frac{n}{b^n} \cdot \frac{y^{n+2}}{n+2}\right]_0^b = \frac{nb^2}{n+2}
$$

ergibt sich also

$$\text{Var}(\widehat{\Theta}_n^*) = \frac{b^2}{4n} \cdot \left[\frac{(n+1)^2}{n+2} - n \right] = \frac{b^2}{4n(n+2)} \cdot$$

Für jedes $n > 1$ gilt

$$\frac{b^2}{12n} > \frac{b^2}{4n(n+2)} \qquad (\iff (n+2) > 3) \,,$$

d. h. $\widehat{\Theta}_n^*$ ist wirksamer als das Stichprobenmittel $\widehat{\Theta}_n$. Für $n = 1$ stimmen $\widehat{\Theta}_n$ und $\widehat{\Theta}_n^*$ überein.

c) Da alle drei Schätzfunktionen zumindest asymptotisch erwartungstreu für μ sind, und da für $n \to \infty$

$$\text{Var}(\widehat{\Theta}_n) = \frac{b^2}{12n} \to 0 \,,$$

$$\text{Var}(\widehat{\Theta}_n^*) = \frac{b^2}{4n(n+2)} \to 0 \,,$$

und

$$\text{Var}(\widehat{\Theta}_n') = \text{Var}\left(\frac{n}{n+1} \cdot \widehat{\Theta}_n^* \right) = \frac{n^2}{(n+1)^2} \cdot \text{Var}(\widehat{\Theta}_n^*) \to 1 \cdot 0 = 0$$

gelten, sind alle drei Folgen $(\widehat{\Theta}_n)$, $(\widehat{\Theta}_n')$, $(\widehat{\Theta}_n^*)$ nach Seite 141 konsistent für μ.

Bemerkung: Das Ergebnis dieser Aufgabe zeigt, dass das Stichprobenmittel nicht immer die wirksamste unter allen erwartungstreuen Schätzfunktionen für den Erwartungswert μ einer Grundgesamtheit ist. Dies ist kein Widerspruch zur Aussage 1a des Beispiels 12.3; denn nicht für jede Verteilung der Grundgesamtheit ist obige Schätzfunktion $\widehat{\Theta}_n^*$ erwartungstreu für μ (vgl. auch die Fußnote 2 auf Seite 139). Bei gegebener Gleichverteilung über $[0; b]$ ist die Varianzreduzierung von $\widehat{\Theta}_n^*$ im Vergleich zum Stichprobenmittel beträchtlich, wie aus dem Quotienten

$$\frac{\text{Var}(\overline{X}_n)}{\text{Var}(\widehat{\Theta}_n^*)} = \frac{n+2}{3}$$

ablesbar ist. (Bereits für $n = 10$ z. B. ist dieser Quotient gleich 4).

Lösung zu Aufgabe 3.10*

a) Als Extremalwerte der Funktion

$$\sum_{i=1}^{k}\sum_{j=1}^{n_i}(x_{ij} - \mu - a_i)^2$$

unter der linearen Nebenbedingung $a_1 + \cdots + a_k = 0$ kommen nur Punkte $(\hat{\mu}; \hat{a}_1, \ldots, \hat{a}_k)$ infrage, in denen sämtliche partiellen Ableitungen der Lagrange-Funktion

$$L(\mu; a_1, \ldots, a_k; \lambda) = \sum_{i=1}^{k}\sum_{j=1}^{n_i}(x_{ij} - \mu - a_i)^2 + \lambda \left(\sum_{i=1}^{k} a_i\right)$$

null sind, d. h. die das Gleichungssystem

$$\frac{\partial L}{\partial \mu} = -2 \sum_{i=1}^{k}\sum_{j=1}^{n_i}(x_{ij} - \mu - a_i) = 0\,,$$

$$\frac{\partial L}{\partial a_i} = -2 \sum_{j=1}^{n_i}(x_{ij} - \mu - a_i) + \lambda = 0\,, \qquad i = 1, \ldots, k\,,$$

$$\frac{\partial L}{\partial \lambda} = \sum_{i=1}^{k} a_i = 0$$

erfüllen. Dieses Gleichungssystem ist äquivalent mit

$$(\alpha) \qquad \sum_{i=1}^{k}\sum_{j=1}^{n_i} x_{ij} = n\mu + \sum_{i=1}^{k} n_i a_i\,,$$

$$(\beta, i) \qquad \sum_{j=1}^{n_i} x_{ij} = n_i\mu + n_i a_i + \frac{\lambda}{2}\,, \qquad i = 1, \ldots, k\,,$$

$$(\gamma) \qquad \sum_{i=1}^{k} a_i = 0\,.$$

Für einen Vektor $(\hat{\mu}; \hat{a}_1, \ldots, \hat{a}_k; \hat{\lambda})$, der dieses Gleichungssystem erfüllt, folgt durch Summation über die Gleichungen (β, i), $i = 1, \ldots, k$, und einem Vergleich mit (α), dass $\hat{\lambda} = 0$ gelten muss.

Mit der Bezeichnung

$$\bar{x}_i = \frac{1}{n_i} \sum_{j=1}^{n_i} x_{ij}$$

für das i-te Teilstichprobenmittel (das arithmetische Mittel der n_i Beobachtungen zur Düngemethode i) erhält man dann aus (β, i) die Gleichung

$$\bar{x}_i = \hat{\mu} + \hat{a}_i \ .$$

Hieraus und aus (γ) folgen schließlich

$$\frac{1}{k} \sum_{i=1}^{k} \bar{x}_i = \hat{\mu}$$

und

$$\hat{a}_i = \bar{x}_i - \frac{1}{k} \sum_{i=1}^{k} \bar{x}_i \ , \qquad i = 1, \ldots, k \ .$$

Umgekehrt erfüllt der Vektor $(\hat{\mu}; \hat{a}_1, \ldots, \hat{a}_k)$ zusammen mit $\hat{\lambda} = 0$ die Gleichungen (α), (β, i) und (γ), wie man durch Einsetzen verifiziert. Dass es sich bei diesem Vektor um eine Minimalstelle von $\sum_{i=1}^{k} \sum_{j=1}^{n_i} (x_{ij} - \mu - a_i)^2$ handelt, ist aufgrund der strengen Konvexität dieser Funktion sowie der Linearität der Nebenbedingung $a_1 + \cdots + a_k = 0$ klar. (Man kann diesen Nachweis auch mithilfe der Hesse-Matrix führen.) Die nach dem Prinzip der kleinsten Quadrate resultierenden Schätzfunktionen sind demnach

$$\hat{M} = \frac{1}{k} \sum_{i=1}^{k} \bar{X}_i \ ,$$
$$\widehat{A}_i = \bar{X}_i - \hat{M} \ , \qquad i = 1, \ldots, k \ .$$

b) Aus

$$\mathrm{E}(\bar{X}_i) = \frac{1}{n_i} \sum_{j=1}^{n_i} \mathrm{E}(X_{ij}) = \frac{1}{n_i} \sum_{j=1}^{n_i} (\mu + a_i) = \mu + a_i$$

und

$$\sum_{i=1}^{k} a_i = 0$$

folgt

$$E(\widehat{M}) = \frac{1}{k} \sum_{i=1}^{k} (\mu + a_i) = \mu \,,$$

$$E(\widehat{A}_i) = (\mu + a_i) - \mu = a_i \,.$$

$\widehat{M}$ und $\widehat{A}_i$ sind somit erwartungstreu (für μ bzw. a_i).

c) Mit

$$\bar{x}_1 = \tfrac{1}{6} \cdot\ 9\,590 = 1\,598{,}33 \;;$$

$$\bar{x}_2 = \tfrac{1}{4} \cdot 14\,500 = 3\,625 \;;$$

$$\bar{x}_3 = \tfrac{1}{5} \cdot\ 5\,930 = 1\,186$$

erhält man die Schätzwerte

$$\hat{\mu} = 2\,136{,}44 \;; \quad \hat{a}_1 = -538{,}11 \;; \quad \hat{a}_2 = 1\,488{,}56 \quad \text{und} \quad \hat{a}_3 = -950{,}44 \,.$$

Bemerkungen:

1. Der Schätzwert $\hat{\mu}$ stimmt hier nicht mit dem Gesamtmittel

$$\bar{x}_{\text{Ges}} = \frac{1}{n} \sum_{i=1}^{k} \sum_{j=1}^{n_i} x_{ij}$$

aller n Beobachtungswerte überein; $\hat{\mu}$ ist vielmehr das arithmetische Mittel der k Teilstichprobenmittel $\bar{X}_i$. Eine Übereinstimmung liegt jedoch vor, wenn alle Teilstichprobenumfänge n_i (mit $i = 1, \ldots, k$) gleich sind.

2. Bei dem dieser Aufgabe zugrunde liegenden Ansatz spricht man von einem Modell der einfachen Varianzanalyse. Namensgebend war dabei die Tatsache, dass Tests auf Gleichheit aller Erwartungswerte, d. h. Überprüfungen der Hypothese $a_1 = \cdots = a_k$, mithilfe gewisser Stichprobenvarianzen durchgeführt werden, siehe dazu den Abschnitt 14.8. Werden in obiger Situation die Auswirkungen nicht nur des einen „Faktors" Düngemethode, sondern auch noch eines zweiten „Faktors" (z. B. der Zusammensetzung des Bodens) auf den Nitratgehalt von Kopfsalat untersucht, so hat man es mit einer zweifachen Varianzanalyse zu tun.

Lösung zu Aufgabe 3.11

a) Stichprobenraum $= \{(x_1, \ldots, x_{15}) \colon x_i \in \mathbb{N} \cup \{0\}\}$.

b) Für die gegebenen Werte $x_1, \ldots, x_{15}$ erhält man

$$
\begin{aligned}
f(x_1, \ldots, x_{15} | \lambda) &= \frac{\lambda^{x_1}}{x_1!} \cdot e^{-\lambda} \cdot \ldots \cdot \frac{\lambda^{x_{15}}}{x_{15}!} \cdot e^{-\lambda} \\
&= \frac{\lambda^{x_1 + \cdots + x_{15}}}{\displaystyle\prod_{i=1}^{15} x_i!} \cdot e^{-n\lambda} = \frac{\lambda^{71}}{2{,}53 \cdot 10^{33}} \cdot e^{-15\lambda} \, .
\end{aligned}
$$

c) Aus $\ln f(x_1, \ldots, x_n | \lambda) = \ln \dfrac{1}{\displaystyle\prod_{i=1}^{15} x_i!} + \left(\displaystyle\sum_{i=1}^{15} x_i \right) \ln \lambda - n\lambda$ folgt

$$
\frac{\partial}{\partial \lambda} \ln f(x_1, \ldots, x_n | \lambda) = \frac{1}{\lambda} \sum_{i=1}^{15} x_i - n \quad \text{und}
$$

$$
\frac{\partial^2}{\partial \lambda^2} \ln f(x_1, \ldots, x_n | \lambda) = -\frac{1}{\lambda^2} \sum_{i=1}^{15} x_i < 0 \, ;
$$

der ML-Schätzwert $\hat{\mu}$ für $\mu = E(X) = \lambda$ (vgl. Tab. 9.1) ist demnach gegeben durch

$$
\frac{1}{\hat{\mu}} \sum_{i=1}^{15} x_i - n = 0 \iff \hat{\mu} = \frac{1}{n} \sum_{i=1}^{15} x_i = \bar{x} = \frac{71}{15} = 4{,}73 \, .
$$

d) Nach der Herleitung in Teil c) ist $\bar{X}$ die ML-Schätzfunktion für μ; sie ist nach Tab. 11.1 erwartungstreu für μ.

Lösung zu Aufgabe 3.12

a) Die Dreieckshöhe h ist definiert durch die Forderung $\frac{1}{2} \cdot h\vartheta = 1$, d. h. durch $h = \frac{2}{\vartheta}$. Die Dichte ist demnach

$$
f(x) = f(x | \vartheta) = \frac{2}{\vartheta} - \frac{2}{\vartheta^2} \cdot x \quad \text{für} \quad 0 \leqq x \leqq \vartheta \, ;
$$

außerhalb des Intervalls $[0; \vartheta]$ ist sie natürlich gleich null.

b) Der Maximum-Likelihood-Schätzwert $\hat{\vartheta}$ ist definiert durch

$$-\frac{2}{\vartheta^2} + \frac{4}{\vartheta^3} \cdot x \bigg|_{\vartheta=\hat{\vartheta}} = 0 \,,$$

woraus $\hat{\vartheta} = 2x = 95{,}6$ folgt. Wegen

$$\frac{\partial^2 f(x|\vartheta)}{\partial \vartheta^2} \bigg|_{\vartheta=2x} = \frac{4}{\vartheta^3} \cdot \left(1 - \frac{3}{\vartheta} \cdot x\right) \bigg|_{\vartheta=2x}$$

$$= \frac{4}{8x^3} \cdot \left(1 - \frac{3}{2x} \cdot x\right) = -\frac{1}{4x^3} < 0$$

handelt es sich dabei wirklich um eine Maximalstelle.

c) Es ist

$$\mathrm{E}(X) = \int_0^\vartheta x \left(\frac{2}{\vartheta} - \frac{2}{\vartheta^2} \cdot x\right) \mathrm{d}x = \int_0^\vartheta \frac{2}{\vartheta} \cdot x \, \mathrm{d}x - \int_0^\vartheta \frac{2}{\vartheta^2} \cdot x^2 \, \mathrm{d}x$$

$$= \left[\frac{2}{\vartheta} \cdot \frac{x^2}{2}\right]_0^\vartheta - \left[\frac{2}{\vartheta^2} \cdot \frac{x^3}{3}\right]_0^\vartheta = \frac{2}{\vartheta} \cdot \frac{\vartheta^2}{2} - \frac{2}{\vartheta^2} \cdot \frac{\vartheta^3}{3}$$

$$= \vartheta - \frac{2}{3} \cdot \vartheta = \frac{1}{3} \cdot \vartheta \,.$$

Zwischen $\mu = \mathrm{E}(X)$ und dem Parameter ϑ besteht also ein streng monotoner Zusammenhang, nämlich

$$\mu = \frac{1}{3} \cdot \vartheta \,.$$

Infolgedessen ist (vgl. Seite 144 unten)

$$\hat{\mu} = \frac{1}{3} \cdot \hat{\vartheta} = \frac{2}{3} \cdot x$$

ein Maximum-Likelihood-Schätzwert für μ.

Lösung zu Aufgabe 3.13

a)
$$f(x_1, \ldots, x_n | t) = t^n \cdot \prod_{i=1}^{n} x_i^{t-1} .$$

b)
$$\ln f(x_1, \ldots, x_n | t) = n \ln t + (t-1) \sum_{i=1}^{n} \ln x_i ;$$

der ML-Schätzwert $\hat{t}$ ist somit definiert durch

$$\frac{n}{\hat{t}} + \sum_{i=1}^{n} \ln x_i = 0 .$$

(Die zweite Ableitung von $\ln f(x_1, \ldots, x_n | t)$ nach t ist gleich $-\frac{n}{t^2}$, also stets negativ.) Die ML-Schätzfunktion für t lautet daher:

$$-\frac{n}{\sum\limits_{i=1}^{n} \ln X_i} .$$

Ferner gilt:

$$\mu = E(X) = \int_0^1 x t x^{t-1} \, dx = \left[\frac{t}{t+1} \cdot x^{t+1} \right]_0^1 = \frac{t}{t+1}$$

und

$$p = P(X \leqq \tfrac{1}{2}) = \int_0^{\frac{1}{2}} t x^{t-1} \, dx = \left[x^t \right]_0^{\frac{1}{2}} = \left(\frac{1}{2} \right)^t .$$

Die Funktionen $h_1(t) = \frac{t}{t+1}$ und $h_2(t) = (\frac{1}{2})^t$ sind im Bereich $t > 0$ (wegen $h_1'(t) = \frac{1}{(t+1)^2} > 0$ und $h_2'(t) = (\frac{1}{2})^t \ln(\frac{1}{2}) < 0$) streng monoton. Nach dem Satz von Seite 144 erhält man daher die ML-Schätzfunktionen

$$\text{für } \mu : \quad \frac{n}{n - \sum\limits_{i=1}^{n} \ln X_i} ,$$

$$\text{für } p : \quad 2^{\frac{n}{\sum\limits_{i=1}^{n} \ln X_i}} .$$

c)
$$\hat{t} = -\frac{6}{-5{,}73} = 1{,}05 ; \quad \hat{\mu} = 0{,}51 ; \quad \hat{p} = 0{,}48 .$$

Lösung zu Aufgabe 3.14*

a) Wir erhalten die nachfolgende Dichtefunktion (einer Dreiecksverteilung):

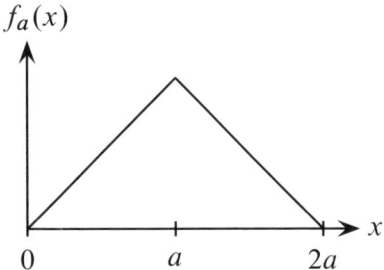

b) Gesucht ist derjenige Wert $\hat{a}$, in dem die Funktion

$$g(a) = f(2, 3, 5, 7 | a) = f_a(2) f_a(3) f_a(5) f_a(7)$$

ihr Maximum annimmt. Da mit Wahrscheinlichkeit 1 nur Werte aus dem Bereich mit positiver Dichte, also aus $(0; 2a)$, auftreten können, ist die Funktion $g(a)$ nur für Werte a mit $2a > 7$, d. h. mit $a > 3{,}5$, von Interesse. Um die Funktion $g(a)$ im relevanten Bereich $(3{,}5; \infty)$ zu erstellen und zu maximieren, ist eine Fallunterscheidung zweckmäßig, wobei für die einzelnen Fälle maßgeblich ist, wie viele der Beobachtungen aus dem Bereich mit aufsteigender Dichte, d. h. aus $[0; a]$, bzw. aus dem Bereich mit fallender Dichte, d. h. aus $(a; 2a]$, stammen.

Fall 1: Alle vier Beobachtungen stammen aus $[0; a]$. Dies ist mit $a \geqq 7$ äquivalent und es ergibt sich

$$g(a) = \frac{2}{a^2} \cdot \frac{3}{a^2} \cdot \frac{5}{a^2} \cdot \frac{7}{a^2} = \frac{210}{a^8}, \quad a \in [7; \infty) \,,$$

mit $g(7) = \frac{210}{7^8} = 0{,}000036 > g(a)$ für alle $a > 7$, denn $g(a)$ ist für $a \geqq 7$ monoton fallend.

Fall 2: Die Werte 2, 3 und 5 stammen aus $[0; a]$, der Wert 7 aus $(a; 2a]$. Äquivalent hierzu ist $5 \leq a < 7$ und man erhält

$$g(a) = \frac{2}{a^2} \cdot \frac{3}{a^2} \cdot \frac{5}{a^2} \cdot \frac{2a - 7}{a^2} = \frac{30(2a - 7)}{a^8}, \quad a \in [5; 7) \,.$$

Hierbei gilt $g(5) = \frac{90}{5^8} = 0{,}000230 > g(a)$ für alle $a \in (5; 7)$, denn über $(5; 7)$ ist die Ableitung $g'(a) = \frac{420(4-a)}{a^9} < 0$.

Fall 3: Die Werte 2 und 3 stammen aus $[0; a]$, die Werte 5 und 7 aus $(a; 2a]$. Dies führt, da wir uns nach obiger Überlegung auf Werte $a > 3{,}5$ beschränken können, zum letzten noch zu untersuchenden Bereich $3{,}5 < a < 5$. In ihm gilt

$$g(a) = \frac{2}{a^2} \cdot \frac{3}{a^2} \cdot \frac{2a-5}{a^2} \cdot \frac{2a-7}{a^2} = \frac{6 \cdot (4a^2 - 24a + 35)}{a^8}$$

und $g'(a) = \frac{48}{a^9} \cdot (-3a^2 + 21a - 35)$. Eine Nullstelle a_* von $g'(a)$ liegt im Intervall $(3{,}5; 5)$ genau dann vor, wenn

$$-3a_*^2 + 21a_* - 35 = 0$$

bzw.

$$a_* = \frac{21 + \sqrt{21}}{6} = 4{,}264$$

gilt. (Die zweite Nullstelle $\frac{21 - \sqrt{21}}{6}$ der quadratischen Gleichung liegt außerhalb $(3{,}5; 5)$.) Bei a_* handelt es sich um eine Maximalstelle von g im Bereich $(3{,}5; 5)$ – da $g'(a) > 0$ für $a < a_*$ und $g'(a) < 0$ für $a > a_*$ ist – und es gilt

$$g(a_*) = 0{,}000296 \,.$$

Aus den Ergebnissen der drei Fälle $(g(4{,}264) > g(5) > g(7))$ erhalten wir den Maximum-Likelihood-Schätzwert

$$\hat{a} = a_* = 4{,}264 \,.$$

Lösung zu Aufgabe 3.15

a) Nach (80) gilt:

$$f(4\,997|i = 1) = \frac{1}{\sqrt{2\pi} \cdot 3} \cdot e^{-\frac{(4\,997 - 5\,003)^2}{18}}$$

$$= \frac{1}{\sqrt{2\pi}} \cdot \frac{1}{3} \cdot e^{-2} \quad = \frac{1}{\sqrt{2\pi}} \cdot 0{,}0451 \,;$$

$$f(4\,997|i = 2) = \frac{1}{\sqrt{2\pi}} \cdot \frac{1}{5} \cdot e^{-\frac{49}{50}} \quad = \frac{1}{\sqrt{2\pi}} \cdot 0{,}0751 \,;$$

$$f(4\,997|i = 3) = \frac{1}{\sqrt{2\pi}} \cdot \frac{1}{12} \cdot e^{-\frac{169}{288}} \quad = \frac{1}{\sqrt{2\pi}} \cdot 0{,}0463 \,.$$

Sowohl die Maximum-Likelihood-Methode als auch die Verwendung des zu $\varphi(1) = \varphi(2) = \varphi(3) = \frac{1}{3}$ gehörenden A-posteriori-Modus liefern daher den Schätzwert $\hat{i} = 2$. (Zur Bestimmung des A-posteriori-Modus ist die Auswertung des Nenners $f(x|i = 1)\varphi(1) + f(x|i = 2)\varphi(2) + f(x|i = 3)\varphi(3)$ nicht erforderlich.)

Aus $\varphi(1) : \varphi(2) : \varphi(3) = 3 : 2 : 1$ folgt

$$\varphi(1) = \tfrac{1}{2}, \quad \varphi(2) = \tfrac{1}{3} \quad \text{und} \quad \varphi(3) = \tfrac{1}{6}.$$

Zu vergleichen sind nun:

$$\frac{1}{2} \cdot f(4\,997|i = 1) = \frac{1}{\sqrt{2\pi}} \cdot 0{,}0226\,;$$

$$\frac{1}{3} \cdot f(4\,997|i = 2) = \frac{1}{\sqrt{2\pi}} \cdot 0{,}0250\,;$$

$$\frac{1}{6} \cdot f(4\,997|i = 3) = \frac{1}{\sqrt{2\pi}} \cdot 0{,}0077\,.$$

Der A-posteriori-Modus ist also auch hier $\hat{i} = 2$.

b) Der A-posteriori-Erwartungswert liegt im Allgemeinen nicht in der Menge $\{1, 2, 3\}$ der möglichen Geschwindigkeitsstufen.

Lösung zu Aufgabe 3.16

a) Für jedes $k > 0$ gilt

$$\varphi(0) = \varphi(1) = 0 < \varphi(p) \quad \text{für alle} \quad p \in (0; 1)\,,$$

wobei φ stetig ist. Folglich existiert (mindestens) ein Modus p_{Mod} der A-priori-Verteilung mit der Dichte φ, es gilt $p_{\text{Mod}} \in (0; 1)$ und die (in $(0; 1)$ existierende) Ableitung

$$\varphi'(p) = (k + 1)(k + 2)(1 - p)^{k-1}[(1 - p) - kp]$$

hat an der Stelle $p = p_{\text{Mod}}$ den Wert 0. Da $p = (k+1)^{-1}$ die einzige Nullstelle von $\varphi'(p)$ im Bereich $(0; 1)$ ist, folgt $p_{\text{Mod}} = (k + 1)^{-1}$ und dieser Wert ist genau dann gleich 0,025, wenn $k = 39$ ist. Die resultierende Dichte lautet somit

$$\varphi(p) = \begin{cases} 1\,640p(1 - p)^{39} & \text{für } 0 \leqq p \leqq 1 \\ 0 & \text{sonst}\,. \end{cases}$$

b) Das Ergebnis $x_1, \ldots, x_{120}$ der $B(1; p)$-verteilten Stichprobenvariablen X_i ist durch $x_1 + \cdots + x_{120} = 1$ gegeben; die dazugehörige Likelihood-Funktion lautet demnach

$$f(x_1, \ldots, x_{120}|p) = p(1 - p)^{119}\,.$$

Analog zum Beispiel 12.12 ergibt sich hiermit für $0 < p < 1$ die A-posteriori-Dichte

$$\psi(p|x_1,\ldots,x_{120}) = \frac{p(1-p)^{119}\varphi(p)}{\int_0^1 p(1-p)^{119}\varphi(p)\,\mathrm{d}p} = \frac{p^2(1-p)^{158}\cdot 161!}{2!\cdot 158!}$$

$$= \frac{159\cdot 160\cdot 161}{2}\cdot p^2(1-p)^{158}$$

sowie der A-posteriori-Erwartungswert

$$\hat{p} = \frac{159\cdot 160\cdot 161}{2}\cdot \int_0^1 p^3(1-p)^{158}\,\mathrm{d}p$$

$$= \frac{159\cdot 160\cdot 161}{2}\cdot \frac{3!\cdot 158!}{162!} = \frac{3}{162} = 0{,}0185 = 1{,}85\,\%\ .$$

Lösung zu Aufgabe 3.17

a) (Geschätzter) Inventurwert $=$

$$N\left(\frac{1}{N}\sum_{i=1}^{10} N_i \bar{x}_i\right) = N\cdot \frac{1}{10}\cdot (9\cdot 50 + 150) = 60N = 6\,000\,000\ .$$

b) Da alle N_i gleich sind, führen die Formeln (151) bzw. (152) des Falles mit bzw. ohne Zurücklegen zu derselben optimalen Aufteilung. (Denn bei der Berechnung von n_i^* gemäß (152) tritt der Korrekturfaktor $\sqrt{10^4/(10^4 - 1)}$ jeweils sowohl im Zähler als auch im Nenner als Faktor auf. Die Restriktionen $n_i \le N_i$ stellen sich wegen $N_i = 10^4$ als irrelevant heraus.)
Es ergibt sich der Proportionalitätsfaktor

$$\alpha = \frac{n}{\sum\limits_{j=1}^{10} N_j\sigma_j} = \frac{5\,000}{10^4\cdot (5\cdot 10 + 5\cdot 30)} = \frac{1}{400}$$

und damit die optimale Aufteilung

$$n_i^* = \alpha N_i\sigma_i = \begin{cases} \dfrac{10^4\cdot 10}{400} = 250 & \text{für } i = 1,\ldots,5 \\[2mm] \dfrac{10^4\cdot 30}{400} = 750 & \text{für } i = 6,\ldots,10\ . \end{cases}$$

Lösung zu Aufgabe 3.18

a) Bei proportionaler Aufteilung gilt (vgl. Seite 227):

$$\frac{n_i^*}{N_i} = \text{konstant} \quad \text{und} \quad \sum_{i=1}^{3} n_i^* = n \,, \quad \text{d. h.} \quad \frac{n_i^*}{n} = \frac{N_i}{N} \,.$$

Hieraus folgt

$$n_1^* = 0{,}4 \cdot 400 = 160 \quad \text{und} \quad n_2^* = n_3^* = 0{,}3 \cdot 400 = 120 \,.$$

Die Varianz der dazugehörigen Schichtschätzfunktion ist nach (148) gleich

$$\frac{1}{N^2} \cdot \left(0{,}4^2 N^2 \cdot \frac{25}{0{,}4 \cdot 400} + 0{,}3^2 N^2 \cdot \frac{100}{0{,}3 \cdot 400} \cdot 2 \right) = \frac{10+60}{400} = 0{,}175 \,.$$

b) Mit

$$\alpha = \frac{n}{\sum\limits_{j=1}^{3} N_j \sigma_j} = \frac{400}{N \cdot (0{,}4 \cdot 5 + 0{,}3 \cdot 10 \cdot 2)} = \frac{50}{N}$$

erhalten wir nach (151) die optimale Aufteilung

$$n_i^* = \begin{cases} \frac{50}{N} \cdot 0{,}4 N \cdot 5 = 100 & \text{für } i = 1 \\ \frac{50}{N} \cdot 0{,}3 N \cdot 10 = 150 & \text{für } i = 2,3 \,. \end{cases}$$

Die Varianz der dazugehörigen Schichtschätzfunktion ist

$$\frac{1}{N^2} \cdot \left(0{,}16 N^2 \cdot \frac{25}{100} + 0{,}09 N^2 \cdot \frac{100}{150} \cdot 2 \right) = 0{,}16 \,.$$

c) Nach Tab. 11.1 gilt $\text{Var}(\overline{X}) = \frac{\sigma^2}{400} = \frac{120}{400} = 0{,}3$.

d) Die Varianz der Schichtschätzfunktion bei proportionaler Aufteilung, also bei $n_i = n_i^* = \frac{N_i}{N} \cdot n$, ist gleich

$$\frac{1}{N^2} \sum_{i=1}^{k} N_i^2 \cdot \frac{\sigma_i^2 N}{N_i n} = \frac{1}{n} \cdot \left(\frac{1}{N} \sum_{i=1}^{k} N_i \sigma_i^2 \right) \,.$$

Die Varianz von $\overline{X}$ ist dagegen gleich $\frac{\sigma^2}{n}$. Dabei setzt sich die mittlere quadratische Abweichung σ^2 in der Grundgesamtheit nach (13) aus den beiden positiven Termen der internen bzw. externen mittleren quadratischen Abweichung zusammen, ist also größer gleich der internen mittleren quadratischen Abweichung $\frac{1}{N} \cdot (N_1 \sigma_1^2 + \cdots + N_k \sigma_k^2)$, womit die Behauptung bewiesen ist.

Lösung zu Aufgabe 3.19

a) Es sind $N_1 = \frac{N}{8}$, $N_2 = N_4 = \frac{N}{4}$ sowie $N_3 = \frac{3N}{8}$. Die in dem Fall ohne Zurücklegen (vergleiche hierzu (152) mit (151)) auftretenden Korrekturfaktoren $\sqrt{N_i/(N_i - 1)}$ sind (wegen $N_i \geq N_1 = 5$ Millionen) vernachlässigbar; ferner ist $n < N_i$ für alle i. Die im Fall ohne Zurücklegen im Allgemeinen noch zu beachtenden Nebenbedingungen $n_i \leq N_i$ sind somit automatisch erfüllt.

b) Da das Untersuchungsmerkmal in Schicht i dichotom (genauer: $B(1; p_i)$-verteilt) ist, gilt $\sigma_i^2 = p_i(1 - p_i)$, vgl. Tab. 9.1.

c) Aus $\hat{\sigma}_1 = 0,30$; $\hat{\sigma}_2 = 0,20$; $\hat{\sigma}_3 = 0,18$ und $\hat{\sigma}_4 = 0,16$ erhält man gemäß (151) mit

$$\alpha = \frac{2\,600}{\sum\limits_{j=1}^{4} N_j \hat{\sigma}_j} = \frac{2\,600}{\frac{N}{8} \cdot (0,30 + 2 \cdot 0,20 + 3 \cdot 0,18 + 2 \cdot 0,16)} = \frac{40\,000}{3N}$$

die Stichprobenumfänge

$$n_i^* = \begin{cases} \frac{40\,000}{3N} \cdot \frac{N}{8} \cdot 0,30 = 500 & \text{für } i = 1 \\ \frac{40\,000}{3N} \cdot \frac{N}{4} \cdot 0,20 \approx 667 & \text{für } i = 2 \\ \frac{40\,000}{3N} \cdot \frac{3N}{8} \cdot 0,18 = 900 & \text{für } i = 3 \\ \frac{40\,000}{3N} \cdot \frac{N}{4} \cdot 0,16 \approx 533 & \text{für } i = 4 \,. \end{cases}$$

d) Der aus dem Wahlergebnis zu schätzende Wähleranteil von Partei A in der neuen dritten Schicht ist gleich

$$\tilde{p}_{3,\text{neu}} = \frac{\text{(geschätzte) Anzahl Wähler von Partei } A \text{ in neuer Schicht 3}}{\text{Gesamtzahl Wähler in neuer Schicht 3}}$$

$$= \frac{N_3 \tilde{p}_3 + N_4 \tilde{p}_4}{N_3 + N_4} = \frac{3 \cdot 0,035 + 2 \cdot 0,025}{3 + 2} = 0,031 \,.$$

Dies führt mit $\hat{\sigma}_{3,\text{neu}} = 0,17$ und $N_{3,\text{neu}} = \frac{5}{8} \cdot N$ zu

$$\alpha = \frac{2\,600}{\frac{N}{8} \cdot (0,30 + 2 \cdot 0,20 + 5 \cdot 0,17)} = \frac{2\,600 \cdot 8}{1,55 N}$$

und somit zu den Stichprobenumfängen

$$n_i^* = \begin{cases} \frac{2\,600 \cdot 0,30}{1,55} \approx 503 & \text{für } i = 1 \\ \frac{2\,600 \cdot 0,40}{1,55} \approx 671 & \text{für } i = 2 \\ \frac{2\,600 \cdot 0,85}{1,55} \approx 1\,426 & \text{für } i = 3 \,. \end{cases}$$

Lösung zu Aufgabe 3.20

a)
$$\bar{x}_1 = 19 \; ; \quad s_1^2 = \tfrac{1}{9} \cdot 388 = 43{,}11 \; ;$$
$$\bar{x}_2 = 13 \; ; \quad s_2^2 = \tfrac{1}{9} \cdot 116 = 12{,}89 \; ;$$
$$\bar{x}_3 = 15 \; ; \quad s_3^2 = \tfrac{1}{9} \cdot 106 = 11{,}78 \; .$$

b) Da ein Budget c vorgegeben ist, kann die optimale Aufteilung gemäß (153) bestimmt werden; da die Kostensätze c_i alle gleich sind, kann man aber auch (151) verwenden. Aus

$$\sigma_1 = \tfrac{1}{3} \cdot \sqrt{388} = 6{,}6 \; ; \quad \sigma_2 = \tfrac{1}{3} \cdot \sqrt{116} = 3{,}6 \quad \text{und} \quad \sigma_3 = \tfrac{1}{3} \cdot \sqrt{106} = 3{,}4$$

sowie den in Abhängigkeit vom Umfang N der Grundgesamtheit angebbaren Schichtumfängen $N_1 = \frac{N}{2}, N_2 = N_3 = \frac{N}{4}$ erhält man den Proportionalitätsfaktor

$$\alpha = \frac{30}{\frac{N}{2} \cdot 6{,}6 + \frac{N}{4} \cdot 3{,}6 + \frac{N}{4} \cdot 3{,}4} = \frac{5{,}94}{N}$$

und somit die (allgemeine) optimale Aufteilung

$$n_i^* = \begin{cases} \frac{5{,}94}{N} \cdot \frac{N}{2} \cdot 6{,}6 = 19{,}6 \approx 20 & \text{für } i = 1 \\ \frac{5{,}94}{N} \cdot \frac{N}{4} \cdot 3{,}6 = 5{,}3 \;\; \approx \;\; 5 & \text{für } i = 2 \\ \frac{5{,}94}{N} \cdot \frac{N}{4} \cdot 3{,}4 = 5{,}0 \;\; \approx \;\; 5 & \text{für } i = 3 \; . \end{cases}$$

c) Die Teilstichprobenmittel sind

$$\bar{x}_1 = \tfrac{360}{20} = 18 \quad \text{und} \quad \bar{x}_2 = \bar{x}_3 = \tfrac{70}{5} = 14 \; ;$$

die Schichtschätzfunktion (147) liefert somit

$$\hat{\mu} = \tfrac{1}{N} \cdot \left(\tfrac{N}{2} \cdot 18 + 2 \cdot \tfrac{N}{4} \cdot 14 \right) = 16 \; .$$

Lösung zu Aufgabe 3.21

a) Da ein Budget c vorgegeben ist, wird die (allgemeine) optimale Aufteilung gemäß (153) bestimmt. Aus der Proportion der N_i und aus $N = 10\,000$ folgt

$$N_1 = 1\,000 \; , \quad N_2 = N_3 = N_4 = 2\,000 \quad \text{und} \quad N_5 = 3\,000 \; .$$

Für den Proportionalitätsfaktor α erhält man somit

$$\alpha = \frac{4\,000}{1\,000\sigma_1 (1 \cdot 1 + 2 \cdot 1 + 2 \cdot 1 + 2 \cdot 1 + 3 \cdot 10 \cdot 2)} = \frac{4}{67\sigma_1} \; .$$

Hieraus folgt

$$n_i^* = \begin{cases} \dfrac{4\,000\sigma_1}{67\sigma_1 \cdot 1} & = \ 59,7 \approx \ 60 \quad \text{für } i = 1 \\[2ex] \dfrac{8\,000\sigma_1}{67\sigma_1 \cdot 1} & = 119,4 \approx 119 \quad \text{für } i = 2, 3, 4 \\[2ex] \dfrac{12\,000 \cdot 10\sigma_1}{67\sigma_1 \cdot 2} & = 895,5 \approx 896 \quad \text{für } i = 5 \ . \end{cases}$$

Die bei den gerundeten Werten n_i^* entstehenden Kosten sind

$$60 \cdot 1 + 3 \cdot 119 \cdot 1 + 4 \cdot 896 = 4\,001$$

und somit um 1 höher als c. Um c exakt einzuhalten, kann man beispielsweise bei Schicht 1 auf eine Beobachtung verzichten.

b) Als Schätzwert für $E(X)$ erhält man

$$\frac{1\,000 + 3\,000 + 3\,000 + 4\,000 + 9\,000}{10\,000} = 2 \ .$$

Lösung zu Aufgabe 3.22

a) Vorzugehen ist nach 13.1.2:

Schritt 1: $1 - \alpha = 0{,}95$.
Schritt 2: $c = 2{,}160$ (aus der $t(13)$-Verteilung).
Schritt 3: Man errechnet:

$$\bar{x} = \frac{1}{14} \cdot 15\,150 = 1\,082{,}14 \ ;$$

$$\sum_{i=1}^{14}(x_i - \bar{x})^2 = \sum_{i=1}^{14} x_i^2 - 14\bar{x}^2 \qquad \text{(nach (12))}$$

$$= 19\,841\,100 - \frac{15\,150^2}{14} = 3\,446\,636 \ ;$$

$$s = \sqrt{\frac{1}{13} \sum_{i=1}^{14}(x_i - \bar{x})^2} = 514{,}90 \ .$$

Schritt 4: $\dfrac{sc}{\sqrt{n}} = \dfrac{514{,}90 \cdot 2{,}16}{\sqrt{14}} = 297{,}24$.
Schritt 5: $[785; 1\,379]$.

b) Die gestellte Forderung ist: Länge $= \frac{2sc}{\sqrt{n}} = 500$. Äquivalent hierzu ist:

$$c = x_{1-\frac{\alpha}{2}} = \frac{500\sqrt{14}}{2 \cdot 514{,}90} = 1{,}817 \ .$$

Aus Tabelle A.4 liest man für die $t(13)$-Verteilung ab:

$$x_{0{,}95} = 1{,}771 \quad \text{und} \quad x_{0{,}975} = 2{,}160 \ .$$

Hieraus und aus $1{,}817 = x_{1-\frac{\alpha}{2}}$ ergibt sich mithilfe linearer Interpolation

$$1 - \tfrac{\alpha}{2} = 0{,}95 + \tfrac{1{,}817-1{,}771}{2{,}160-1{,}771} \cdot (0{,}975 - 0{,}95) = 0{,}9530 \ ,$$

also $1 - \alpha = 0{,}906$.

Lösung zu Aufgabe 3.23

a) Weil $x_i \in [0; 30]$ für jedes i gilt und weil

$$\sum_{i=1}^{n}(x_i - \bar{x})^2 \leqq \sum_{i=1}^{n}(x_i - \lambda)^2$$

für jede beliebige Zahl $\lambda \in \mathbb{R}$ richtig ist (vgl. (6)), folgt

$$\sum_{i=1}^{n}(x_i - \bar{x})^2 \leqq \sum_{i=1}^{n}(x_i - 15)^2 \leqq \sum_{i=1}^{n}15^2 = n \cdot 15^2$$

und deshalb

$$s = \sqrt{\frac{1}{n-1}\sum_{i=1}^{n}(x_i - \bar{x})^2} \leqq \sqrt{\frac{n}{n-1}} \cdot 15 \ .$$

Die Länge $2sc/\sqrt{n}$ des Schätzintervalls für $E(X)$ ist also zumindest dann kleiner gleich 2, wenn

$$\frac{2\sqrt{\frac{n}{n-1}} \cdot 15c}{\sqrt{n}} = \frac{30c}{\sqrt{n-1}} \leqq 2$$

gilt, d. h. wenn $n \geqq 1 + (15c)^2$ gewählt wird mit dem 0,975-Fraktil c der $N(0; 1)$-Verteilung. Wegen $1 + (15 \cdot 1{,}96)^2 = 865{,}36$ garantiert also jeder Stichprobenumfang $n \geqq 866$, dass die Länge des resultierenden Schätzintervalls höchstens 2 ist.

b) Wegen $n = 144 > 30$ kann man nach 13.1.3 vorgehen:

Schritt 1: $1 - \alpha = 0{,}95$.
Schritt 2: $c = 1{,}96$.
Schritt 3: $\bar{x} = 15$; $\hat{\sigma} = s = \sqrt{1\,600} = 40$.
Schritt 4: $\frac{\hat{\sigma}c}{\sqrt{n}} = \frac{40 \cdot 1{,}96}{12} = 6{,}53$.
Schritt 5: $[8{,}47; 21{,}53]$.

c) $\frac{40c}{12} = 8{,}5833$ ist äquivalent mit $c = x_{1-\frac{\alpha}{2}} = 2{,}57499$, d. h. mit $1 - \frac{\alpha}{2} = 0{,}995$
bzw. $1 - \alpha = 0{,}99$.

Lösung zu Aufgabe 3.24

a) Der gesuchte Anteil p lässt sich gemäß 13.1.3 schätzen, da für die Realisierungen der $B(1;p)$-verteilten Stichprobenvariablen X_i (mit $X_i = 1$, falls das i-te Rohr fehlerhaft ist) gilt:

$$5 \leqq \sum_{i=1}^{100} x_i = 10 \leqq n - 5 = 95 \ .$$

Schritt 1: $1 - \alpha = 0{,}9$.
Schritt 2: $c = 1{,}645$.
Schritt 3: $\bar{x} = 0{,}1$; $\hat{\sigma} = \sqrt{0{,}1 \cdot 0{,}9} = 0{,}3$.
Schritt 4: $\frac{\hat{\sigma}c}{\sqrt{n}} = 0{,}04935$.
Schritt 5: $[0{,}051; 0{,}149]$.

b) Aus $\bar{x}_{100+m} \leqq 0{,}2$ folgt $\hat{\sigma}_{100+m} \leqq \sqrt{0{,}2 \cdot 0{,}8} = 0{,}4$ (denn die Funktion $\sqrt{x(1-x)}$ wächst im Bereich $0 < x \leqq 0{,}2$ streng monoton). Deshalb garantiert jedes m mit

$$100 + m \geqq \left(\frac{2 \cdot 0{,}4 \cdot 1{,}645}{0{,}05}\right)^2 = 692{,}74 \ ,$$

also jedes $m \geqq 593$, dass die vorgegebene Länge $0{,}05$ eingehalten wird.

Lösung zu Aufgabe 3.25

a) Misst X_i den Gewinn des i-ten Tages und setzt man

$$Y_i = \begin{cases} -X_i, & \text{falls } X_i < 0 \\ 0, & \text{falls } X_i \geqq 0 \end{cases} = \max\{-X_i, 0\} \ ,$$

so sind die Y_i unabhängig und identisch verteilt mit dem Erwartungswert

$$E(Y_i) = \int_{-\infty}^{0} (-x) f(x) \, dx + 0 \cdot P(X_i \geqq 0) = \lambda \ .$$

(Die Verteilung der Y_i ist weder stetig noch diskret.)

Wegen $n > 30$ steht also die Vorgehensweise aus 13.1.3 zur Verfügung:

Schritt 1: $1 - \alpha = 0{,}9$.

Schritt 2: $c = 1{,}645$.

Schritt 3: 43 der y_i-Werte sind gleich 0,

$$\bar{y} = \frac{2\,350}{50} = 47 \, ,$$

$$\sum_{i=1}^{50}(y_i - \bar{y})^2 = (0 - 47)^2 \cdot 43 + (50 - 47)^2 + \cdots + (785 - 47)^2$$

$$= 998\,700 \, ,$$

$$s = \sqrt{\frac{1}{49} \cdot 998\,700} = 142{,}76 \, .$$

Schritt 4: $\frac{sc}{\sqrt{n}} = \frac{142{,}76 \cdot 1{,}645}{\sqrt{50}} = 33{,}21.$

Schritt 5: $[13{,}8; 80{,}2]$.

b) Weil $s \leqq d = 2 \cdot 142{,}76 = 285{,}52$ für alle $n > 50$ als sicher gilt, reicht

$$n \geqq \left(\frac{2 \cdot 285{,}52 \cdot 1{,}645}{50}\right)^2 = 352{,}96$$

aus, um die Länge 50 nicht zu überschreiten.

Lösung zu Aufgabe 3.26

a) Wegen $n > 30$ lässt sich nach 13.1.3 vorgehen. Da bei einer exponentialverteil-ten Zufallsvariablen X der Erwartungswert $\mu = \mathrm{E}(X) = 1/\lambda$ und die Standard-abweichung $\sigma = \sqrt{\mathrm{Var}(X)} = \sqrt{1/\lambda^2}$ übereinstimmen (vgl. Tab. 9.1), ist die behauptete Konsistenz der $\bar{X}_n$ für $\sigma = \mu$ aus Seite 141 in Verbindung mit Tab. 11.1 ablesbar. Somit ergibt sich:

Schritt 1: $1 - \alpha = 0{,}98$.

Schritt 2: $c = 2{,}327$.

Schritt 3: $\bar{x} = \hat{\sigma} = \frac{1}{50} \cdot (3\,600 + 720 + 30) = 87$.

Schritt 4: $\frac{\hat{\sigma}c}{\sqrt{n}} = \frac{87 \cdot 2{,}327}{\sqrt{50}} = 28{,}63.$

Schritt 5: $[58{,}4; 115{,}6]$.

b) Wegen $\hat{\sigma} = \bar{x}$ gilt $V_o = \bar{X} + \bar{X}c/\sqrt{n} = \bar{X}(1 + c/\sqrt{n})$ und entsprechend $V_u = \bar{X}(1 - c/\sqrt{n})$, also $k_o = 1 + 2{,}327/\sqrt{n}$ und $k_u = 1 - 2{,}327/\sqrt{n}$.

Hieraus folgt bzgl. der Forderung

- für die Differenz:

$$k_o - k_u \leqq 0,5 \Leftrightarrow \frac{2 \cdot 2,327}{\sqrt{n}} \leqq 0,5 \Leftrightarrow n \geqq \left(\frac{2 \cdot 2,327}{0,5} \right)^2 = 86,64 \; ;$$

- für den Quotienten:

$$\frac{k_o}{k_u} = \frac{\sqrt{n} + 2,327}{\sqrt{n} - 2,327} \leqq 1,5 \iff 0,5\sqrt{n} \geqq 2,5 \cdot 2,327$$

$$\iff n \geqq (5 \cdot 2,327)^2 = 135,37 \; .$$

Bei $n = 50$ gilt $k_o - k_u = 0,66$ bzw. $\frac{k_o}{k_u} = 1,98$.

Lösung zu Aufgabe 3.27

a) Die Vorgehensweise gemäß 13.2 liefert

Schritt 1: $1 - \alpha = 0,99$.
Schritt 2: $c_1 = 9,26$; $c_2 = 44,18$, jeweils aus der $\chi^2(23)$-Verteilung.
Schritt 3: $\bar{x} = 2,70$; $(x_1 - \bar{x})^2 + \cdots + (x_{24} - \bar{x})^2 = 0,0282$.
Schritt 4: $v_u = \frac{0,0282}{44,18} = 0,00064$; $v_o = \frac{0,0282}{9,26} = 0,00305$.
Schritt 5: $[0,00064; 0,00305]$.

b) Gemäß Beispiel 14.3 ergeben sich die Warngrenzen

$$2,70 \pm 1,96 \cdot \frac{0,04}{\sqrt{10}} = \begin{cases} 2,725 \\ 2,675 \end{cases}$$

und die Kontrollgrenzen

$$2,70 \pm 2,58 \cdot \frac{0,04}{\sqrt{10}} = \begin{cases} 2,733 \\ 2,667 \end{cases}$$

Lösung zu Aufgabe 3.28*

Der Stichprobenumfang n ist so zu bestimmen, dass

$$\frac{v_o}{v_u} = \frac{c_2}{c_1} \leqq 3$$

gilt, wobei die c_i der $\chi^2(n-1)$-Verteilung entstammen. Dieser Quotient fällt für wachsendes n. Bei $n - 1 = 30$ gilt $\frac{c_2}{c_1} = \frac{53,67}{13,79} = 3,89$, also muss $n - 1 > 30$ sein, sodass die Fraktilswerte gemäß der Approximationsformel aus Seite 133 mithilfe des 0,995-Fraktils 2,575 der $N(0; 1)$-Verteilung zu bestimmen sind mit

$$c_1 = \tfrac{1}{2} \cdot \left(-2,575 + \sqrt{2(n-1)-1}\right)^2 \,,$$

$$c_2 = \tfrac{1}{2} \cdot \left(2,575 + \sqrt{2(n-1)-1}\right)^2 \,.$$

Folglich gelten (bei $n-1 > 30$) folgende Äquivalenzen:

$$\frac{c_2}{c_1} \leqq 3 \iff 2,575^2 + 2 \cdot 2,575\sqrt{2n-3} + 2n - 3$$

$$\leqq 3 \cdot (2,575^2 - 2 \cdot 2,575\sqrt{2n-3} + 2n - 3)$$

$$\iff 8 \cdot 2,575\sqrt{2n-3} \leqq 2 \cdot 2,575^2 + 4n - 6$$

$$\iff 0 \leqq 16n^2 - 790,63n + 1\,325,81 \,.$$

Letztere Ungleichung ist ab $n = 48$ erfüllt. (Die zweite Nullstelle der aufzulösenden quadratischen Gleichung ist kleiner als 2 und somit wegen $n - 1 > 30$ irrelevant.) Der Stichprobenumfang hätte also, um $\frac{v_o}{v_u} \leqq 3$ zu sichern, mindestens 48 sein müssen.

Lösung zu Aufgabe 3.29

a) Bei Fall I ist nach 13.1.1 vorzugehen:

Schritt 1: $1 - \alpha = 0,99$.
Schritt 2: $c = 2,575$.
Schritt 3: $\bar{x} = 102,4$.
Schritt 4: $\frac{\sigma c}{\sqrt{n}} = \frac{0,7 \cdot 2,575}{\sqrt{10}} = 0,570$.
Schritt 5: $[101,83; 102,97]$.

Bei Fall II ist 13.1.2 durchzuführen:

Schritt 1: $1 - \alpha = 0,99$.
Schritt 2: $c = 3,250$ (aus der $t(9)$-Verteilung).
Schritt 3: $\bar{x} = 102,4$; aus

$$7,85 = \sum_{i=1}^{10}(x_i - 102)^2 = \sum_{i=1}^{10}(x_i^2 - 204x_i + 102^2)$$

$$= \sum_{i=1}^{10} x_i^2 - 204 \sum_{i=1}^{10} x_i + 10 \cdot 102^2$$

folgt (vgl. (12))

$$\sum_{i=1}^{10}(x_i - \bar{x})^2 = \sum_{i=1}^{10} x_i^2 - 10\bar{x}^2$$
$$= 7{,}85 + 204 \cdot 1\,024 - 10 \cdot 102^2 - 10 \cdot 102{,}4^2$$
$$= 6{,}25$$

und somit

$$s = \sqrt{\frac{6{,}25}{9}} = \frac{2{,}5}{3} \;.$$

Schritt 4: $\frac{sc}{\sqrt{n}} = \frac{2{,}5 \cdot 3{,}25}{3 \cdot \sqrt{10}} = 0{,}856$.

Schritt 5: $[101{,}54; 103{,}26]$.

b) Bei Fall I ist der Einstichproben-Gaußtest 14.1 anzuwenden. Da zur beidseitigen Gegenhypothese zu testen ist, kann gemäß Seite 164 das Testergebnis aus obigem Schätzintervall abgelesen werden: Wegen $\mu_0 = 102 \in [v_u; v_o]$ wird H_0: $E(X) = 102$ nicht abgelehnt.

Bei Fall II ist nach dem Einstichproben-t-Test 14.5 vorzugeben. Auch hier kann jedoch entsprechend das Testergebnis aus dem nach 13.1.2 berechneten Schätzintervall abgelesen werden. (Denn das Konfidenzintervall aus 13.1.2 und der Einstichproben-t-Test sind mithilfe der t-Statistik $(\bar{X} - \mu)\sqrt{n}/S$ ganz analog konstruiert wie das Konfidenzintervall aus 13.1.1 und der Einstichproben-Gaußtest mit Hilfe der Gauß-Statistik $(\bar{X} - \mu)\sqrt{n}/\sigma$.) Wegen $102 \in [v_u; v_o]$ wird H_0 auch hier nicht abgelehnt.

Lösung zu Aufgabe 3.30*

a) Mit $E(X) = \lambda$ (vgl. Tab. 9.1) sind die Hypothesen folgendermaßen festzulegen:

$$H_0: \lambda \leqq 1\,, \quad H_1: \lambda > 1\,.$$

Zu ihrer Überprüfung ist die Testfunktion $V = X_1 + \cdots + X_6$ geeignet; denn nach der am Schluss von 8.4.3 formulierten Aussage ist V poissonverteilt mit dem Parameter 6λ, sodass die Verteilung von V

- vom Parameter λ (durch den H_0 und H_1 charakterisiert sind) abhängt und
- für beliebige Werte $\lambda > 0$ berechenbar ist.

Weil ein Wert v umso mehr für H_1 spricht, je größer er ist, wählen wir den Verwerfungsbereich B von der Form

$$B = \{c, c + 1, c + 2, \dots\}\,.$$

Da die Verteilung von V diskret ist, ist dabei c so festzulegen, dass

$$\sup_{\lambda \leq 1} P(V \geq c|\lambda) \leq 0,1$$

gilt, wobei dieses Supremum möglichst nahe an 0,1 liegen soll. Letzteres wird, da $P(V \geq v|\lambda)$ für jeden festen Wert λ mit wachsendem v monoton fällt, durch die zusätzliche Forderung

$$\sup_{\lambda \leq 1} P(V \geq c - 1|\lambda) > 0,1$$

erreicht. Weil für jeden festen Wert v die Größe $P(V \geq v|\lambda)$ mit wachsendem λ monoton wächst und somit

$$\sup_{\lambda \leq 1} P(V \geq v|\lambda) = P(V \geq v|\lambda = 1)$$

gilt, wird also c bestimmt durch die beiden Forderungen

$$P(V \geq c|\lambda = 1) \leq 0,1 \quad \text{und} \quad P(V \geq c - 1|\lambda = 1) > 0,1 \ .$$

Mit der Abkürzung $F_{6\lambda}(v)$ für die Verteilungsfunktion der Poisson-Verteilung mit dem Parameter 6λ an der Stelle v hat daher zu gelten:

$$1 - F_6(c - 1) \leq 0,1 \quad \text{und} \quad 1 - F_6(c - 2) > 0,1 \ ;$$

d. h.

$$F_6(c - 1) \geq 0,9 \quad \text{und} \quad F_6(c - 2) < 0,9 \ .$$

Aus Tabelle A.2 erhalten wir so den Verwerfungsbereich

$$B = \{10, 11, 12, \dots\} \ .$$

b) Mit obiger Abkürzung gilt für die Gütefunktion $g(\lambda)$:

$$\begin{aligned} g(\lambda) &= P(V \in B|\lambda) = P(V \geq 10|\lambda) \\ &= 1 - P(V \leq 9|\lambda) = 1 - F_{6\lambda}(9) \ . \end{aligned}$$

Hiermit erhalten wir (wieder aus Tabelle A.2):

λ	$\frac{1}{2}$	1	$\frac{4}{3}$	$\frac{5}{3}$	2	3
$F_{6\lambda}(9)$	0,9989	0,9161	0,7166	0,4579	0,193	0,017
$g(\lambda)$	0,0011	0,0839	0,2834	0,5421	0,807	0,983

Dabei sind die letzen beiden Spalten berechnet gemäß

$$F_{6\lambda}(9) = P(V \leqq 9|\lambda) = P\left(\frac{V - 6\lambda}{\sqrt{6\lambda}} \leqq \frac{9 - 6\lambda}{\sqrt{6\lambda}}\right) \approx \Phi\left(\frac{9 - 6\lambda}{\sqrt{6\lambda}}\right),$$

vgl. Tabelle A.8. Im Einzelnen erhält man so (unter Beachtung der Formel (81)):

$$F_{12}(9) \approx \Phi\left(\frac{-3}{\sqrt{12}}\right) = \Phi\left(-\frac{\sqrt{3}}{2}\right) = 1 - \Phi\left(\frac{\sqrt{3}}{2}\right)$$

$$\approx 1 - \Phi(0,866) \approx 1 - 0,807 = 0,193 \; ;$$

$$F_{18}(9) \approx \Phi\left(\frac{-9}{\sqrt{18}}\right) = \Phi\left(-\frac{3}{\sqrt{2}}\right) = 1 - \Phi\left(\frac{3}{\sqrt{2}}\right)$$

$$\approx 1 - \Phi(2,121) \approx 1 - 0,983 = 0,017 \; .$$

c) Da die Gütefunktion streng monoton wächst, ist der in Teil a) konstruierte Test ein unverfälschter Test zum Niveau $\tilde{\alpha} = g(1) = 0,0839$. (Dagegen ist er, da der vorgegebene Wert $\alpha = 0,1$ für die maximale Wahrscheinlichkeit des Fehlers 1. Art wegen der diskreten Verteilung von V nicht eingehalten werden konnte, streng genommen weder ein Test zum Niveau α noch erfüllt er mit $\alpha = 0,1$ die Bedingung (125), durch welche die Unverfälschtheit definiert ist. Wegen der Monotonie der Gütefunktion ist jedoch immerhin die Ablehnwahrscheinlichkeit bei Zutreffen von H_0 stets kleiner als bei Zutreffen von H_1.)

d) Da $v = 8$ nicht in B liegt, wird H_0 nicht abgelehnt.

Lösung zu Aufgabe 3.31

Die Stichprobenvariablen

$$X_i = \begin{cases} 1, & \text{falls } i\text{-ter Befragter Befürworter ist} \\ 0, & \text{sonst} \end{cases}$$

sind $B(1;p)$-verteilt. Zu testen ist H_0: $p = 0,4$ gegen H_1: $p > 0,4$.

a) Da

$$5 \leqq \sum_{i=1}^{10} x_i = 6 \leqq 10 - 5$$

nicht erfüllt ist, kann der sonst mögliche approximative Gaußtest (siehe 14.5, Voraussetzung 2) nicht angewandt werden.

b) Geeignet ist der Binomialtest 14.3, wobei Fall (115c) vorliegt.

Schritt 1: $\alpha = 0,1$.
Schritt 2: $v = 6$.
Schritt 3: $B = \{7, 8, 9, 10\}$ wegen (vgl. Tabelle A.1)

$$F(7 - 1) = F(6) = 0,9452 \geq 1 - \alpha = 0,9 ;$$
$$F(7 - 2) = F(5) = 0,8338 < 0,9 .$$

Schritt 4: $v \notin B$; H_0 wird nicht abgelehnt.

c) $P(H_0 \text{ ablehnen} | H_0 \text{ richtig}) = P(V \in B | p = 0,4) = P(V \geq 7 | p = 0,4)$
$$= 1 - P(V \leq 6 | p = 0,4) = 1 - 0,9452$$
$$= 0,0548 .$$

d) Wegen

$$5 \leqq \sum_{i=1}^{96} x_i = 48 \leqq 96 - 5$$

ist nun der approximative Gaußtest gemäß 14.5 anwendbar (dort Fall (116c)).

Schritt 1: $\alpha = 0,1$.
Schritt 2: $v = \dfrac{\frac{48}{96} - 0,4}{\sqrt{0,4(1 - 0,4)}} \sqrt{96} = 2$.
Schritt 3: $B = (1,282; \infty)$.
Schritt 4: $v \in B$; H_0 wird abgelehnt.

Lösung zu Aufgabe 3.32

Zur Zufallsauswahl stehen $2\,400 \cdot 7 \cdot 24 \cdot 60$ Paare von Parkuhren bzw. Minuten zur Verfügung, und diese Anzahl ist größer als $20 \cdot 144$ (vgl. Tabelle A.8). Deshalb können, auch wenn „ohne Zurücklegen" ausgewählt wurde, die 144 Stichprobenvariablen

$$X_i = \begin{cases} 1, & \text{bei Überprüfung } i \text{ wird Falschparker entdeckt} \\ 0, & \text{sonst} \end{cases}$$

als $B(1;p)$-verteilt und unabhängig angenommen werden. Wegen

$$5 \leqq \sum_{i=1}^{144} x_i = 36 \leqq 139$$

kann in a) nach 13.1.3 und in b) nach 14.5 vorgegangen werden.

a) **Schritt 1:** $1 - \alpha = 0{,}92$.
   Schritt 2: $c = x_{0{,}96} = 1{,}751$.
   Schritt 3: $\bar{x} = \frac{36}{144} = 0{,}25$;

$$\hat{\sigma} = \sqrt{\bar{x}(1 - \bar{x})} = \tfrac{1}{4} \cdot \sqrt{3} = 0{,}433 \ .$$

   Schritt 4: $\frac{\hat{\sigma}c}{\sqrt{n}} = \frac{0{,}433 \cdot 1{,}751}{12} = 0{,}063$.
   Schritt 5: $[0{,}187; 0{,}313]$.

b) Nach 14.5, Fall (116c) (mit $\mu_0 = p_0 = 0{,}2$) ergibt sich:

   Schritt 1: $\alpha = 0{,}04$.
   Schritt 2: $v = \frac{\bar{x} - p_0}{\sqrt{p_0(1 - p_0)}} \sqrt{n} = \frac{0{,}25 - 0{,}2}{0{,}4} \cdot 12 = 1{,}5$.
   Schritt 3: $B = (1{,}751; \infty)$.
   Schritt 4: $v \notin B$; H_0: $p \leqq 0{,}2$ wird nicht abgelehnt.

c) Die Anzahl Y der Falschparker, die bei $1\,200$ Überprüfungen entdeckt werden, lässt sich als Summe $Y_1 + \cdots + Y_{1\,200}$ von $B(1;p)$-verteilten Zufallsvariablen Y_i darstellen. Weil $\frac{1}{144} \cdot (X_1 + \cdots + X_{144}) = \bar{X}$ erwartungstreu für p ist, ist daher $1\,200\bar{X}$ erwartungstreu für $E(Y)$ und $\hat{\Theta} = 10 \cdot 1\,200\bar{X}$ erwartungstreu für die zu erwartende tägliche Bußgeld-Einnahme. Obige Stichprobe liefert so den Schätzwert

$$\hat{\vartheta} = 10 \cdot 1\,200 \cdot 0{,}25 = 3\,000 \ .$$

Lösung zu Aufgabe 3.33

a) Es ist (vgl. (5))

$$\bar{x}_{\text{Ges}} = \frac{1}{200} \cdot (10 \cdot 38 + 20 \cdot 47 + 140 \cdot 54 + 30 \cdot 64) = 54 \ .$$

b) Legt man die Höhe des Rechtecks über dem Intervall $[30; 40)$ als 2 fest, so ergeben sich als weitere Rechteckhöhen 4, 28, 3. Damit erhält man das nachfolgende Histogramm des Merkmals „Geschwindigkeit":

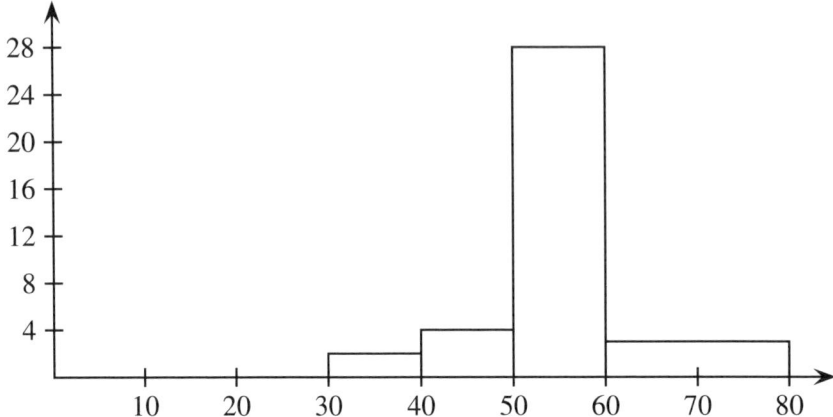

c) Vorzugehen ist gemäß dem approximativen Gaußtest 14.5, Fall (116b), Voraussetzung 2.

Schritt 1: $\alpha = 0{,}01$.

Schritt 2:

$$v = \frac{54 - 55}{s}\sqrt{200} \qquad \text{mit}$$

$$s^2 = \frac{1}{199}\sum_{i=1}^{200}(x_i - \bar{x})^2 = \frac{1}{199}\cdot 200 \cdot 49{,}75 = 50\ ,$$

$$v = -2\ .$$

Schritt 3: $B = (-\infty; -2{,}327)$.

Schritt 4: $v \notin B$; H_0: $\mu = \mu_0$ wird nicht abgelehnt.

Lösung zu Aufgabe 3.34

Mit μ = „Erwartungswert der radioaktiven Belastung von Maronenröhrlingen im Jahr 1985 in Bayern bzw. im Jahr 1987 im betrachteten Landkreis" ist ein Test durchzuführen zwischen H_0: $\mu \geq \mu_0$, H_1: $\mu < \mu_0$ gemäß 14.5, Fall (116b).

Zu 1985: $\mu_0 = 10$.

Schritt 1: $\alpha = 0{,}025$.

Schritt 2:

$$\bar{x} = 7{,}5\ ;$$

$$s^2 = \frac{1}{49}\sum_{i=1}^{50}(x_i - \bar{x})^2 = \frac{1}{49}\left(\sum_{i=1}^{50}x_i^2 - 50\bar{x}^2\right) = 93{,}17\ ;$$

$$v = \frac{7{,}5 - 10}{\sqrt{93{,}17}}\sqrt{50} = -1{,}831\ .$$

Schritt 3: $B = (-\infty; -1,96)$ (aus der $N(0; 1)$-Verteilung).
Schritt 4: $v \notin B$;

H_0 wird nicht abgelehnt, H_1 zu $\alpha = 0,025$ nicht statistisch bestätigt.

Zu 1987: $\mu_0 = 600$.

Schritt 1: $\alpha = 0,025$.
Schritt 2:
$$\bar{x} = 391 \,,$$
$$s^2 = \frac{1}{4} \cdot (25^2 + 209^2 + 239^2 + 74^2 + 19^2) = 26\,816 \,,$$
$$v = \frac{391 - 600}{\sqrt{26\,816}} \sqrt{5} = -2,854 \,.$$

Schritt 3: $B = (-\infty; -2,776)$ (aus der $t(4)$-Verteilung).
Schritt 4: $v \in B$; H_0 wird abgelehnt, H_1 zu $\alpha = 0,025$ statistisch bestätigt.

Lösung zu Aufgabe 3.35

Der Test ist (bei $B(1; p)$-verteilten Stichprobenvariablen) als approximativer Gaußtest gemäß 14.5, Fall (116c) durchzuführen. Wegen $5 \leqq x_1 + \cdots + x_{120} = 33 \leqq 115$ ist die Approximationsbedingung erfüllt.

Schritt 1: $\alpha = 0,05$.
Schritt 2: $v = \frac{0,275 - 0,15}{\sqrt{0,15 \cdot 0,85}} \sqrt{120} = 3,835$.
Schritt 3: $B = (x_{0,95}; \infty) = (1,645; \infty)$.
Schritt 4: $v \in B$; H_0 wird abgelehnt.

Lösung zu Aufgabe 3.36

In den beiden Teilen a) und b) ist ein χ^2-Test für die Varianz gemäß 14.6, Fall (117c) durchzuführen; Unterschiede treten ab Schritt 2 auf:

Schritt 1: $\alpha = 0,05$.
Schritt 2:

Unter a) erhält man, da $E(X) = -18$ als bekannt angenommen wird,

$$v = \frac{1}{0,5^2} \sum_{i=1}^{20} (x_i + 18)^2 = 4 \sum_{i=1}^{20} (x_i^2 + 36 x_i + 324)$$
$$= 4 \cdot (6\,806,15 - 36 \cdot 20 \cdot 18,44 + 20 \cdot 324) = 37,4 \,.$$

Unter b) ergibt sich

$$v = \frac{1}{0{,}5^2} \sum_{i=1}^{20}(x_i - \bar{x})^2 = 4\left(\sum_{i=1}^{20}x_i^2 - 20\bar{x}^2\right) = 21{,}912 \,.$$

Schritt 3:

Unter a) gilt $B = (31{,}41; \infty)$ (aus der $\chi^2(20)$-Verteilung).
Unter b) gilt $B = (30{,}14; \infty)$ (aus der $\chi^2(19)$-Verteilung).

Schritt 4:

Unter a) ist $v \in B$; H_0 wird abgelehnt.
Unter b) ist $v \notin B$; H_0 wird nicht abgelehnt.

Lösung zu Aufgabe 3.37

Mit den Bezeichnungen

$$X_i = \begin{cases} 1, & i\text{-te befragte Person erinnert sich an Fernsehwerbung} \\ 0, & \text{sonst}, \end{cases}$$

$$Y_i = \begin{cases} 1, & i\text{-te befragte Person erinnert sich an Plakatwerbung} \\ 0, & \text{sonst} \end{cases}$$

sowie mit $p_1 = P(X_i = 1) = E(X_i)$ und $p_2 = P(Y_i = 1) = E(Y_i)$ lässt sich die zu bestätigende und deshalb als Gegenhypothese H_1 zu wählende Hypothese in der Form H_1: $p_1 > p_2$ bzw. $p_1 - p_2 > 0$ schreiben. Die Nullhypothese ist dann gemäß H_0: $p_1 \leq p_2$ zu wählen. Da zwei verbundene Stichproben vorliegen, kommt als anzuwendender Test der Differenzentest infrage (siehe 14.5, Fall (116c), und Tab. 14.1), sofern die Approximationsbedingung erfüllt ist. Zu ihrer Überprüfung – ebenso wie später zur Berechnung des Testfunktionswerts v – können sowohl die $z_i = x_i - y_i$ (vgl. Tab. 14.1) als auch die gemeinsamen Häufigkeiten h_{10} und h_{01} (vgl. Fußnote 19 auf Seite 176) herangezogen werden. (Man beachte dabei, dass aufgrund der Festlegung der Werte 0 und 1 bei X_i bzw. Y_i die in der Aufgabenstellung angegebene Tabelle die Gestalt

x \ y	1	0
1	h_{11}	h_{10}
0	h_{01}	h_{00}

besitzt; im Vergleich zur Darstellung in der Fußnote 19 auf Seite 176 ist also die Reihenfolge der Zeilen und Spalten vertauscht.)

Da die Anzahl der positiven bzw. der negativen z_i mit h_{10} bzw. h_{01} übereinstimmt, ist wegen $h_{10} = 63 \geqq 5$ und $h_{01} = 24 \geqq 5$ die Approximationsbedingung erfüllt und somit der Differenzentest anwendbar:

Schritt 1: $\alpha = 0{,}05$.

Schritt 2:

- Gemäß Tab. 14.1 sind mit $z_i = x_i - y_i$ zu bestimmen:

$$\sum_{i=1}^{250} z_i = \sum_{i=1}^{250} x_i - \sum_{i=1}^{250} y_i = (42 + 63) - (42 + 28)$$
$$= 63 - 28 = 35 \,,$$
$$\sum_{i=1}^{250} z_i^2 = \text{Anzahl der Fälle mit } x_i \neq y_i$$
$$= 63 + 28 = 91 \,,$$

wegen $z_i^2 = 1$, falls $x_i \neq y_i$ ist (ansonsten gilt $z_i^2 = 0$). Hieraus folgt $v = \frac{35}{\sqrt{91}} = 3{,}67$.

- Nach der Fußnote 19, Seite 176, erhält man denselben Wert gemäß

$$v = \frac{h_{10} - h_{01}}{\sqrt{h_{10} + h_{01}}} = \frac{63 - 28}{\sqrt{63 + 28}} \,.$$

Schritt 3: $B = (x_{0,95}; \infty) = (1{,}645; \infty)$.

Schritt 4: $v \in B$; H_0 wird abgelehnt; H_1 ist statistisch bestätigt.

Lösung zu Aufgabe 3.38

Mit $\mu_1 = \text{E}(X_i)$, $\mu_2 = \text{E}(Y_i)$ ist

$$H_0\text{: } \mu_1 \leqq \mu_2 \quad \text{gegen} \quad H_1\text{: } \mu_1 > \mu_2 \quad \text{(vgl. (118c))}$$

nach 14.7.1 zu testen, wobei in Tab. 14.2 die Voraussetzung 4 vorliegt.

Schritt 1: $\alpha = 0{,}02$.

Schritt 2:

$$v = \frac{17 - 16{,}4}{\sqrt{\frac{8{,}4}{40} + \frac{891/99}{100}}} = \frac{0{,}6}{\sqrt{0{,}3}} = 1{,}095 \,.$$

Schritt 3: $B = (x_{0,98}; \infty) = (2{,}054; \infty)$.

Schritt 4: $v \notin B$; H_0 wird nicht abgelehnt.

Mit $v = 1{,}095$ kommt man zur Ablehnung von H_0 für jedes Signifikanzniveau α, das die Eigenschaft $x_{1-\alpha} < 1{,}095$ besitzt. Gleichwertig dazu ist

$$1 - \alpha < \Phi(1{,}095) = 0{,}8632 \,.$$

Infolgedessen führt jedes $\alpha > \alpha' = 1 - 0{,}8632 = 0{,}1368$ zur Ablehnung von H_0.

Bemerkung: Zur Bestimmung und Bedeutung von α' vgl. auch den Punkt 9 in Abschnitt 14.13; wie dort ausgeführt, wird α' als **p-value** oder als empirisches Signifikanzniveau bezeichnet.

Lösung zu Aufgabe 3.39

a) Setzt man für $i = 1, \ldots, 64$ bzw. für $i = 1, \ldots, 36$ Indikatorvariablen an gemäß $X_i = 1$ bzw. $Y_i = 1$, falls der i-te BWL-Absolvent bzw. der i-te VWL-Absolvent als „gut" eingestuft wird, und $X_i = 0$ bzw. $Y_i = 0$ sonst, so liegen mit $X_1, \ldots, X_{64}$ und $Y_1, \ldots, Y_{36}$ zwei unabhängige einfache Stichproben vor. Mit $p_1 = P(X_i = 1) = E(X_i)$ und $p_2 = P(Y_i = 1) = E(Y_i)$ lautet Roland Schlaus (als Alternativhypothese anzusetzende) Vermutung $p_1 \neq p_2$. Der Test kann somit gemäß 14.7.1 und dem Hypothesenfall (118a) durchgeführt werden; in Tab. 14.2 ist dabei wegen $5 \leq \sum x_i = 38 \leq 64 - 5$ und $5 \leq \sum y_i = 58 - 38 = 20 \leq 36 - 5$ die Voraussetzung 3 erfüllt.

Schritt 1: $\alpha = 0{,}05$.

Schritt 2: $v = \dfrac{\frac{38}{64} - \frac{20}{36}}{\sqrt{\frac{58(100-58)}{100\cdot64\cdot36}}} = 0{,}371$.

Schritt 3: $B = (-\infty; -1{,}96) \cup (1{,}96; \infty)$.

Schritt 4: $v \notin B$; die Vermutung kann nicht statistisch bestätigt werden.

b) Nach Punkt 9 in 14.13 muss beim Hypothesenfall a) wegen $v > 0$ für die (unter H_0: $p_1 = p_2$) $N(0; 1)$-verteilte Testfunktion V gelten:

$$\frac{\alpha'}{2} = P(V > 0{,}371) = 1 - \Phi(0{,}371)$$

mit (vgl. Tabelle A.3)

$$\frac{\Phi(0{,}371) - 0{,}6443}{0{,}6480 - 0{,}6443} = \frac{0{,}371 - 0{,}73}{0{,}38 - 0{,}37} \,,$$

woraus $\Phi(0{,}371) = 0{,}6443 + 0{,}1 \cdot 0{,}0037 = 0{,}6447$ und somit $\alpha' = 2 \cdot 0{,}3553 = 0{,}7106$ folgt. Somit ist H_1: $p_1 \neq p_2$ statistisch bestätigt für jedes Signifikanzniveau $\alpha > 0{,}7106$, nicht hingegen für $\alpha \leq 0{,}7106$ (also insbesondere nicht für $\alpha = 0{,}05$ wie in Teil a)).

Lösung zu Aufgabe 3.40

a) Für beide Annahmen ist nach 14.7.1, Fall (118a) vorzugehen; im ersten Szenario ist die Voraussetzung 2 von Tab. 14.2 erfüllt; im zweiten Szenario kann die Fußnote 20 von Seite 179 benutzt werden.

Schritt 1: $\alpha = 0{,}05$.

Schritt 2: Bezeichnen wir mit x_i bzw. y_i die Ergebnisse zu I bzw. II, so erhalten wir

$$\bar{x} = 20{,}2 \; ;$$

$$s_1^2 = \frac{1}{5} \sum_{i=1}^{6} (x_i - \bar{x})^2 = 1{,}860 \; ;$$

$$\bar{y} = \frac{69{,}7}{3} \; ;$$

$$s_2^2 = \frac{1}{5} \cdot \left(\sum_{i=1}^{6} y_i^2 - 6\bar{y}^2 \right) = 5{,}011 \; ;$$

$$v = \frac{\bar{x} - \bar{y}}{\sqrt{\frac{s_1^2 + s_2^2}{6}}} = -2{,}83 \; .$$

Schritt 3: $B = (-\infty; -x_{0,975}) \cup (x_{0,975}; \infty)$, wobei der Fraktilwert im ersten Szenario aus der $t(10)$-Verteilung und im zweiten Szenario wegen

$$5 \left(1 + \frac{2}{3{,}065} \right) = 8{,}26$$

aus der t-Verteilung mit 8 Freiheitsgraden zu entnehmen ist. Man erhält so im ersten Szenario $B = (-\infty; -2{,}228) \cup (2{,}228; \infty)$ und im zweiten Szenario $B = (-\infty; -2{,}306) \cup (2{,}306; \infty)$.

Schritt 4: In beiden Fällen wird H_0 wegen $v \in B$ abgelehnt.

b) Der Test ist nach 14.7.2, Fall (119a) auszuführen:

Schritt 1: $\alpha = 0{,}1$.

Schritt 2: $v = \frac{1{,}860}{5{,}011} = 0{,}37$.

Schritt 3: $B = [0; \frac{1}{5{,}05}) \cup (5{,}05; \infty) = [0; 0{,}20) \cup (5{,}05; \infty)$
(der Wert 5,05 ist das 0,95-Fraktil der $F(5, 5)$-Verteilung).

Schritt 4: $v \notin B$; H_0 wird nicht abgelehnt.

Lösung zu Aufgabe 3.41

Der Test ist nach 14.8 durchzuführen:

$$H_0: \mu_1 = \mu_2 = \mu_3 \quad \text{gegen} \quad H_1: \text{nicht alle } \mu_j \text{ sind gleich.}$$

Schritt 1: $\alpha = 0{,}05$.
Schritt 2: $\bar{x}_1 = 10$, $\bar{x}_2 = 12$, $\bar{x}_3 = 11$, $\bar{x}_{\text{Ges}} = 11$;

$$q_1 = 4 \cdot (1 + 1 + 0) = 8 \ ;$$
$$q_2 = (0 + 0{,}04 + 1 + 0{,}64) + (4 + 0 + 4 + 0) + (0 + 2{,}25 + 4 + 0{,}25)$$
$$= 16{,}18 \ ;$$
$$v = \frac{(12 - 3) \cdot 8}{(3 - 1) \cdot 16{,}18} = 2{,}22 \ .$$

Schritt 3: $B = (x_{0,95}; \infty) = (4{,}26; \infty)$ (aus der $F(2, 9)$-Verteilung).
Schritt 4: $v \notin B$; H_0 wird nicht abgelehnt.

Lösung zu Aufgabe 3.42

a) Die Voraussetzungen zur Varianzanalyse gemäß 14.8 sind erfüllt:

Schritt 1: $\alpha = 0{,}01$.
Schritt 2: Mit der linearen Transformation $y_{ji} = 100 x_{ji}$ gilt:

$$\bar{y}_1 = \frac{175}{7} = 25 \ , \ \bar{y}_2 = \frac{125}{5} = 25 \ , \ \bar{y}_3 = \frac{240}{6} = 40 \ , \ \bar{y}_{\text{Ges}} = \frac{540}{18} = 30 \ ;$$
$$q_1 = 7(25 - 30)^2 + 5 \cdot 25 + 6 \cdot 100 = 900 \ ;$$
$$q_2 = [(17 - 25)^2 + 4^2 + 0 + 4 + 49 + 16 + 1] +$$
$$(1 + 49 + 81 + 1 + 16) + (36 + 81 + 4 + 144 + 36 + 1) = 600 \ ;$$
$$v = \frac{(18-3) \cdot 900}{(3-1) \cdot 600} = 11{,}25 \ .$$

Schritt 3: $B = (x_{0,99}; \infty) = (6{,}36; \infty)$ (aus der $F(2, 15)$-Verteilung).
Schritt 4: $v \in B$; H_0 wird abgelehnt.

b) Zwei verbundene einfache Stichproben liegen vor, wobei sowohl X_i als auch Y_i normalverteilt sind. Wegen der Reproduktionseigenschaft der Normalverteilung sind auch X_i' und $Z_i = X_i' - Y_i$ normalverteilt. Aufgrund dieser Voraussetzungen ist der Test zwischen H_0: $1{,}6\mu_x = \mu_y$, d. h. $\mu_{x'} - \mu_y = 0$ gegen H_1: $\mu_x' - \mu_y < 0$ ein als Einstichproben-t-Test durchzuführender Differenzentest (vgl. Seite 176 oben, Fall (116b)).

Schritt 1: $\alpha = 0{,}05$.
Schritt 2:

$$
\begin{array}{c|cccc}
x_i' = 1{,}6x_i & 0{,}32 & 0{,}24 & 0{,}40 & 0{,}32 \\
\hline
z_i = x_i' - y_i & 0{,}04 & -0{,}05 & -0{,}04 & 0{,}01
\end{array}
$$

$$\bar{z} = \bar{x}' - \bar{y} = -0{,}01 \; ;$$

$$\sum_{i=1}^{4}(z_i - \bar{z})^2 = 0{,}05^2 + 0{,}04^2 + 0{,}03^2 + 0{,}02^2 = 0{,}0054 \; ;$$

$$v = \frac{-0{,}01}{\sqrt{\frac{1}{3}\cdot 0{,}0054}}\sqrt{4} = -\frac{2}{\sqrt{18}} = -0{,}471 \; .$$

Schritt 3: $B = (-\infty; -x_{0{,}95}) = (-\infty; -2{,}353)$ (aus $t(3)$-Verteilung).
Schritt 4: $v \notin B$; H_0 wird nicht abgelehnt.

Lösung zu Aufgabe 3.43

a) Aus der Häufigkeitstabelle (mit aufsteigend sortierten Ausprägungen)

Marktanteile	10	15	20	35
Häufigkeiten	1	1	2	1

liest man die Knickpunkte $(\frac{1}{5}; 0{,}1)$, $(\frac{2}{5}; 0{,}25)$ und $(\frac{4}{5}; 0{,}65)$ ab.

b)

$$G = \frac{2\cdot(10 + 2\cdot15 + 3\cdot20 + 4\cdot20 + 5\cdot35) - 6\cdot100}{5\cdot100} = \frac{110}{500} = 0{,}22 \; .$$

c) Mit $X = $ „Nummer der von einem zufällig ausgewählten Kunden besuchten Apotheke" ist die Hypothese H_0: $P(X = j) = $ Marktanteil der Apotheke j für alle $j = 1, \ldots, 5$ zu testen gegen die aus der Negation von H_0 bestehende Gegenhypothese H_1. Wegen $np_j = 300p_j \geqq 300 \cdot 0{,}1 = 30 \geqq 5$ für alle $j = 1, \ldots, 5$ ist dazu der χ^2-Anpassungstest 14.9, Fall (121a) unmittelbar anwendbar.

Schritt 1: $\alpha = 0{,}05$.
Schritt 2: 2.1 bis 2.3 sind klar; 2.4:

$$v = \frac{(30-45)^2}{45} + \frac{(25-30)^2}{30} + \frac{(65-60)^2}{60} + \frac{(105-105)^2}{105} + \frac{(75-60)^2}{60} = 10 \; .$$

Schritt 3: $B = (9{,}49; \infty)$ (aus der $\chi^2(4)$-Verteilung).
Schritt 4: $v \in B$; H_0 ist abzulehnen.

Lösung zu Aufgabe 3.44

a) Der χ^2-Anpassungstest 14.9 ist anzuwenden. Es liegt Fall (121a) vor, wobei F_0 bzw. F gleich der Verteilungsfunktion der Qualitätsstufe bei M_0 bzw. bei M_1 ist. Die Bedingung $np_j \geq 5$ ist für $j = 1, 2, 3, 4$ erfüllt.

Schritt 1: $\alpha = 0{,}05$.

Schritt 2: 2.1 bis 2.3 sind klar; 2.4:

$$v = \frac{(24 - 18)^2}{18} + \frac{(36 - 32)^2}{32} + \frac{(30 - 40)^2}{40} + \frac{(10 - 10)^2}{10} = 5 \ .$$

Schritt 3: $B = (7{,}81; \infty)$ (aus der $\chi^2(3)$-Verteilung).

Schritt 4: $5 \notin B$; H_0: $F = F_0$ wird nicht abgelehnt.

b) Nun kommt der approximative Einstichproben-Gaußtest 14.5 zur Anwendung. Es liegen speziell Fall (116b) (mit μ_1 statt μ) und Voraussetzung 2 vor.

Schritt 1: $\alpha = 0{,}05$.

Schritt 2:

$$v = \frac{\bar{x} - \mu_0}{s} \sqrt{n} \qquad \text{mit}$$

$$\bar{x} = \frac{1}{100} \cdot (24 \cdot 1 + 36 \cdot 2 + 30 \cdot 3 + 10 \cdot 4) = 2{,}26 \ ;$$

$$\mu_0 = 0{,}18 \cdot 1 + 0{,}32 \cdot 2 + 0{,}40 \cdot 3 + 0{,}10 \cdot 4 = 2{,}42 \ ;$$

$$s^2 = \frac{1}{99} \cdot \left[\sum_{i=1}^{100} (x_i - \bar{x})^2 \right] = \frac{1}{99} \cdot \left(\sum_{i=1}^{100} x_i^2 - 100 \cdot 2{,}26^2 \right)$$

$$= \frac{1}{99} \cdot (24 \cdot 1 + 36 \cdot 4 + 30 \cdot 9 + 10 \cdot 16 - 510{,}76) = 0{,}8812 \ ;$$

$$v = -1{,}704 \ .$$

Schritt 3: $B = (-\infty; -1{,}645)$.

Schritt 4: $v \in B$; H_0: $\mu_1 \geq \mu_0$ wird abgelehnt.

Lösung zu Aufgabe 3.45

a) Aus der Stetigkeit von f_0 folgt $f_0(1) = a = \lim\limits_{\substack{x \to 1 \\ x > 1}} f_0(x) = b$. Für die Fläche unter der Dichte ergibt sich somit

$$1 = \int_{-\infty}^{\infty} f_0(x)\,dx = \int_0^1 ax\,dx + \int_1^{\infty} \frac{a}{x^2}\,dx$$

$$= a\left\{\left[\frac{x^2}{2}\right]_0^1 + \left[\left(-\frac{1}{x}\right)\right]_1^{\infty}\right\} = a\left(\frac{1}{2} + 1\right) = \frac{3}{2}\cdot a\,.$$

Folglich ist f_0 nur bei $a = b = \frac{2}{3}$ eine stetige Dichte.

b) Berechnet man zunächst die Fläche unter dem ersten „Ast" der Dichte f_0, d. h. unter der Funktion $\frac{2}{3}\cdot x$ über dem Bereich $[0;1]$, so erhält man

$$\int_0^1 \frac{2}{3}\cdot x\,dx = \frac{2}{3}\cdot\left[\frac{x^2}{2}\right]_0^1 = \frac{1}{3}\,.$$

Folglich ist $z_1 = 1$ zu setzen. Der Wert z_2 ist demnach in $(1;\infty)$ so zu bestimmen, dass

$$\frac{1}{3} = \int_1^{z_2} \frac{2}{3x^2}\,dx = \left[-\frac{2}{3x}\right]_1^{z_2} = -\frac{2}{3z_2} + \frac{2}{3}$$

gilt, woraus $z_2 = 2$ folgt. Also gilt

$$A_1 = (-\infty; 1]\,, \quad A_2 = (1; 2] \quad \text{und} \quad A_3 = (2; \infty)\,.$$

c) Ist F_0 die Verteilungsfunktion zu f_0 und F die wahre Verteilungsfunktion von X, so ist

$$H_0\colon F = F_0 \quad \text{gegen} \quad H_1\colon F \neq F_0$$

(vgl. (121a)) gemäß 14.9 zu testen.

Schritt 1: $\alpha = P(H_0 \text{ wird abgelehnt, obwohl } H_0 \text{ richtig ist}) = 0{,}025$.
Schritt 2:
    2.1 und 2.3 sind in Teil b) vorweggenommen; es gilt $p_1 = p_2 = p_3 = \frac{1}{3}$ und folglich auch $np_j = 10 \geq 5$ für jedes j.
    2.2: $h_1 = 11, h_2 = 11, h_3 = 8$.
    2.4: $v = \frac{1}{10} + \frac{1}{10} + \frac{4}{10} = 0{,}6$.
Schritt 3: $B = (7{,}38; \infty)$ (aus der $\chi^2(2)$-Verteilung).
Schritt 4: $v \notin B$; H_0 wird nicht abgelehnt.

Lösung zu Aufgabe 3.46

Der Test ist durchführbar nach 14.9, Fall (121b). Dabei ist $r = 1$, da die Exponentialverteilungen sich nur durch einen Parameter λ voneinander unterscheiden (vgl. (78)).

Schritt 1: $\alpha = 0,05$.

Schritt 2: Wir wollen uns bei der Festlegung der Klassen A_j an der Regel $np_j \geqq 5$ orientieren mit $p_j = P(X \in A_j | \widehat{F}_0)$; dabei bedeutet $\widehat{F}_0$ die Verteilungsfunktion der Exponentialverteilung mit dem (aus den nicht-klassierten Daten ermittelten) Maximum-Likelihood-Schätzwert $\widehat{\lambda}$ für λ (vgl. Seite 186). Deshalb berechnen wir zunächst $\widehat{\lambda}$, $\widehat{F}_0$ und die p_j: Nach der Lösung der Aufgabe 12.11 in Bamberg et al. (2017) gilt die Beziehung $\widehat{\lambda} = 1/\bar{x} = \frac{1}{54}$. ($\bar{x}$ wurde aus den nicht-klassierten Daten berechnet.) Hieraus folgt

$$\widehat{F}_0(x) = \int_0^x \widehat{\lambda} e^{-\widehat{\lambda} t}\, dt = \left[-e^{-\widehat{\lambda} t}\right]_0^x = 1 - e^{-x/54} \quad \text{für} \quad x \geqq 0 \, .$$

Für die vorgegebenen I_j erhält man demnach folgende Wahrscheinlichkeiten $P(X \in I_j | \widehat{F}_0)$:

j	1	2	3	4
$P(X \in I_j | \widehat{F}_0)$	0,2425	0,1837	0,1392	0,1054

j	5	6	7	8
$P(X \in I_j | \widehat{F}_0)$	0,1403	0,0805	0,0727	0,0357

Um $50p_j \geqq 5$ zu sichern, muss $p_j \geqq 0,1$ gelten. Wir setzen deshalb $A_j = I_j$ für $j = 1, \ldots, 5$ und $A_6 = I_6 \cup I_7 \cup I_8$ (mit $p_6 = 0,1889$ sowie $h_6 = 12$). Hiermit ergibt sich

$$v = \frac{1}{50} \sum_{j=1}^6 \frac{h_j^2}{p_j} - 50 = 17,45 \, .$$

Schritt 3: $B = (9,49; \infty)$ (aus der $\chi^2(6 - 1 - 1)$-Verteilung).

Schritt 4: $v \in B$; H_0 wird abgelehnt.

Bemerkungen:

1. Auch beim Vergleich des Testfunktionswertes v mit dem $(1 - \alpha)$-Fraktil der $\chi^2(6 - 1)$-Verteilung (vgl. hierzu auch die Fußnote 24 auf Seite 186) kommt man zur Ablehnung der Nullhypothese.

2. Orientiert man sich zur Klassenzusammenfassung an $h_j \geqq 5$ und wählt man dabei $A_1 = I_1 \cup I_2, A_2 = I_3, \ldots, A_5 = I_6, A_6 = I_7 \cup I_8$, so erhält man $v = 15,93$, kommt also zu demselben Testergebnis.

Lösung zu Aufgabe 3.47

Da alle $h_{ij} \geqq 5$ sind, kann nach 14.10 vorgegangen werden:

Schritt 1: $\alpha = 0,05$.
Schritt 2: 2.1 erübrigt sich;
2.2 und 2.3: Tabelle der $\tilde{h}_{ij}$ mit Randhäufigkeiten:

$\tilde{h}_{ij}$	1	2	3	$h_{i\bullet}$
1	240	252	108	600
2	280	294	126	700
3	280	294	126	700
$h_{\bullet j}$	800	840	360	2 000

2.4:
$$v = \frac{45^2}{240} + \frac{88^2}{252} + \cdots + \frac{9^2}{126} = 164,84 \ .$$

Schritt 3: $B = (x_{0,99}; \infty) = (13,28; \infty)$ (aus der $\chi^2(4)$-Verteilung).
Schritt 4: $v \in B$; H_0 wird abgelehnt.

Lösung zu Aufgabe 3.48

a) Histogramm für das Merkmal „Bruttoeinkommen":

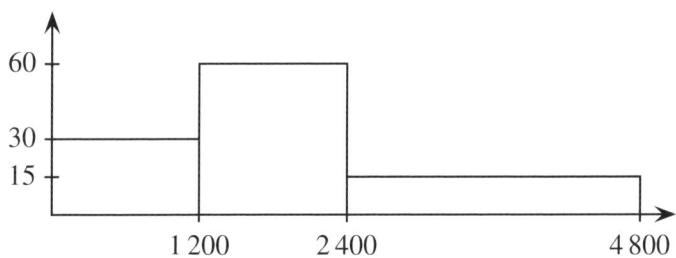

b) Gegeben sind

$$\frac{h_{12}}{h_{\bullet 2}} = 0,5 \ ; \quad \frac{h_{22}}{h_{\bullet 2}} = 0,45 \ ; \quad \frac{h_{32}}{h_{\bullet 2}} = 0,05 \quad \text{und} \quad h_{\bullet 2} = 40 \ .$$

Hieraus folgt $h_{12} = 20$, $h_{22} = 18$ und $h_{32} = 2$. Damit ergibt sich folgende Kontingenztabelle mit Randhäufigkeiten:

Lohngruppe \ Nationalität	deutsch	ausländisch	$h_{i\bullet}$
1	10	20	30
2	42	18	60
3	28	2	30
$h_{\bullet j}$	80	40	120

Als Tabelle der $\tilde{h}_{ij}$ erhalten wir:

$\tilde{h}_{ij}$	deutsch	ausländisch
1	20	10
2	40	20
3	20	10

Folglich gilt

$$\chi^2 = \frac{100}{20} + \frac{100}{10} + \frac{4}{40} + \frac{4}{20} + \frac{64}{20} + \frac{64}{10} = 24{,}9$$

und

$$K = \sqrt{\frac{24{,}9}{144{,}9}} = 0{,}41 \ .$$

c) Die Durchführung des Kontingenztests 14.10 ist wegen $\tilde{h}_{ij} \geqq 5$ gerechtfertigt. Man erhält:

Schritt 1: $\alpha = 0{,}01$.
Schritt 2: $v = \chi^2 = 24{,}9$ (vgl. Teil b)).
Schritt 3: $B = (x_{0,99}; \infty) = (9{,}21; \infty)$
                 (aus der $\chi^2((3 - 1)(2 - 1))$-Verteilung).
Schritt 4: $v \in B$; H_0 wird abgelehnt.

Lösung zu Aufgabe 3.49

Zu

$$X = \text{Geschlecht} = \begin{cases} 1, & \text{weiblich} \\ 2, & \text{männlich}, \end{cases}$$

$$Y = \text{Schulbildung} = \begin{cases} 1, & \text{Hauptschulabschluss} \\ 2, & \text{mittlere Reife} \\ 3, & \text{Abitur} \end{cases}$$

sind gegeben:

$$p_1 = 0,55 \; ; \quad p_2 = 0,45 \; ; \quad q_1 = 0,40 \; ; \quad q_2 = 0,30 \quad \text{und} \quad q_3 = 0,30$$

mit

$$p_i = P(X = i) \quad \text{sowie} \quad q_j = P(Y = j) \, .$$

Die Hypothesen

$$H_0 \colon X, Y \text{ unabhängig in } G \quad \text{gegen} \quad H_1 \colon X, Y \text{ abhängig in } G$$

sind daher durch die auf Seite 189 beschriebene Modifikation (d. h. mit $n p_i q_j$ statt $\tilde{h}_{ij}$) des Kontingenztests 14.10 zu testen.

Schritt 1: $\alpha = 0,05$.
Schritt 2: Durchführung von 2.1 und 2.2 erübrigt sich;
statt 2.3: Tabelle der $n p_i q_j$ (die alle $\geqq 5$ sind):

$n p_i q_j$	1	2	3
1	220	165	165
2	180	135	135

2.4:

$$v = \frac{231^2}{220} + \frac{178^2}{165} + \frac{132^2}{165} + \frac{162^2}{180} + \frac{135^2}{135} + \frac{162^2}{135} - 1\,000 = 15,37 \, .$$

Schritt 3: $B = (x_{0,95}; \infty) = (11,07; \infty)$
(aus der $\chi^2(5)$-Verteilung wegen Modifikation).
Schritt 4: $v \in B$; H_0 wird abgelehnt; H_1 ist statistisch bestätigt.

Lösung zu Aufgabe 3.50

Als Test kommt der Kontingenztest 14.10 infrage.

Schritt 1: $\alpha = 0{,}1$.

Schritt 2: 2.1: Teilt man die x-Achse in $k \geq 2$ und die y-Achse in $\ell \geq 2$ disjunkte, aneinander angrenzende Intervalle $A_1, \ldots, A_k$ bzw. $B_1, \ldots, B_\ell$ so ein, dass dabei stets $h_{ij} \geq 5$ gilt, so müssen alle Randhäufigkeiten $h_{i\bullet}$ und $h_{\bullet j}$ mindestens 10 sein.

Als Intervallgrenzen der A_i kommen demnach lediglich die Werte 400 und 600 infrage (da sonst $h_{1\bullet} = 8 < 10$ bzw. $h_{k\bullet} = 5 < 10$ ist). Doch auch der Wert 600 scheidet aus. Denn im Fall $A_k = (600; \infty)$ bliebe für die y-Achse (wegen $h_{kj} \geq 5$ für alle j) lediglich noch die Einteilung $B_1 = (-\infty; b]$, $B_2 = (b; \infty)$ mit $24 \leq b < 27$ übrig; dabei aber ergäbe sich $h_{\bullet 2} \leq 9 < 10$ im Widerspruch zu oben. Die x-Achse ist daher einzuteilen gemäß

$$A_1 = (-\infty; 400] \quad \text{und} \quad A_2 = (400; \infty) \,.$$

Bei dieser Festlegung der Intervalle A_i muss die Obergrenze b_1 des Intervalls $B_1 = (-\infty; b_1]$ größer oder gleich 18 sein (wegen $h_{21} \geq 5$). Andererseits darf b_1 nicht ≥ 19 gewählt werden, da sonst für $B_2 \cup \cdots \cup B_\ell$ nur noch drei Werte aus A_1 übrig bleiben. Mit $18 \leq b_1 < 19$ und der Einteilung der y-Achse in

$$B_1 = (-\infty; b_1] \quad \text{und} \quad B_2 = (b_1, \infty)$$

erhalten wir schließlich in 2.2 folgende Kontingenztabelle (mit Randhäufigkeiten):

x in \ y in	B_1	B_2	
A_1	12	5	17
A_2	6	17	23
	18	22	40

2.3 erübrigt sich wegen $k = \ell = 2$ und Seite 189 oben;

2.4:

$$v = \frac{40 \cdot (12 \cdot 17 - 5 \cdot 6)^2}{17 \cdot 23 \cdot 18 \cdot 22} = 7{,}82 \,.$$

Schritt 3: $B = (x_{0,9}; \infty) = (2{,}71; \infty)$ (aus der $\chi^2(1)$-Verteilung).

Schritt 4: $v \in B$; die Hypothese der Unabhängigkeit wird abgelehnt.

Lösung zu Aufgabe 3.51

a) Mit $F = $ Verteilungsfunktion der X_i ist zu testen:

$$H_0: F = F_0 \quad \text{gegen} \quad H_1: F \neq F_0 \; ;$$

vgl. (121a) in 14.9. Bei Zutreffen der Nullyhpothese gilt dabei

$$p_1 = P(X \in [180; 240]) = F_0(240) - F_0(180) = 0{,}25 - 0 \qquad = 0{,}25 \; ;$$
$$p_2 = P(X \in (240; 300]) = F_0(300) - F_0(240) = 0{,}75 - 0{,}25 = 0{,}5 \; \; ;$$
$$p_3 = P(X \in (300; 360]) = F_0(360) - F_0(300) = 1 \qquad - 0{,}75 = 0{,}25 \; ;$$

mit $n = 24$ ist somit die Bedingung $np_j \geqq 5$ für $j = 1, 2, 3$ erfüllt.

Schritt 1: $\alpha = 0{,}1$.

Schritt 2: 2.1 und 2.2 sind gegeben; 2.3 ist bereits durchgeführt; 2.4:

$$v = \frac{(7 - 6)^2}{6} + \frac{(9 - 12)^2}{12} + \frac{(8 - 6)^2}{6} = \frac{19}{12} = 1{,}583 \; .$$

Schritt 3: $B = (x_{0{,}9}; \infty) = (4{,}61; \infty)$ (aus der $\chi^2(2)$-Verteilung).

Schritt 4: $v \notin B$; die Vermutung kann nicht statistisch widerlegt werden.

b) Aufgrund der Normalverteilungsannahme ist der Korrelationstest 14.11 durchführbar, wobei i) dem Fall (123a) und ii) dem Fall (123c) entspricht.

Schritt 1: $\alpha = 0{,}01$.

Schritt 2:

$$\hat{\varrho} = \frac{\sum\limits_{i=1}^{n} x_i y_i - n\bar{x}\bar{y}}{\sqrt{\sum\limits_{i=1}^{n} (x_i - \bar{x})^2} \cdot \sqrt{\sum\limits_{i=1}^{n} y_i^2 - n\bar{y}^2}} = \frac{172\,776 - 266 \cdot 636}{\sqrt{86\,400} \cdot \sqrt{17\,454 - 24 \cdot 26{,}5^2}}$$

$$= \frac{3\,600}{7\,200} = 0{,}5 \; ;$$

$$v = \sqrt{22} \cdot \frac{0{,}5}{\sqrt{1 - 0{,}25}} = 2{,}708 \; .$$

Schritt 3:

i) $B = (-\infty; -2{,}819) \cup (2{,}819; \infty)$,

ii) $B = (2{,}508; \infty)$.

In beiden Fällen stammen die Fraktile aus der $t(22)$-Verteilung.

Schritt 4:

i) $v \notin B$; $\varrho \neq 0$ kann nicht statistisch bestätigt werden,

ii) $v \in B$; $\varrho > 0$ kann statistisch bestätigt werden.

Literaturverzeichnis

Das Literaturverzeichnis beschränkt sich auf ausgewählte deutschsprachige Lehr- und Übungsbücher zur Statistischen Methodenlehre sowie auf die im Anschluss an die Musterlösungen zitierte weiterführende Spezialliteratur.

Bamberg, G.; Baur, F.; Krapp, M. (2017): Statistik, De Gruyter Oldenbourg, Berlin, 18. Auflage.

Basler, H. (1991): Aufgabensammlung zur statistischen Methodenlehre und Wahrscheinlichkeitsrechnung, Physica, Würzburg – Wien, 4. Auflage.

Bosch, K. (2002): Übungs- und Arbeitsbuch Statistik, Oldenbourg, München – Wien.

Böselt, M. (2001): Statistik-Übungsbuch, Oldenbourg, München – Wien, 2. Auflage.

Bourier, G. (2014): Statistik-Übungen, Springer Gabler, Wiesbaden, 5. Auflage.

Broermann, T. (1987): Stichprobeninventuren, Peter Lang, Frankfurt et al.

Deffaa, W. (1982): Anonymisierte Befragungen mit zufallsverschlüsselten Antworten, Peter Lang, Frankfurt – Bern.

Degen, H.; Lorscheid, P. (2006): Statistik-Aufgabensammlung, Oldenbourg, München – Wien, 5. Auflage.

Deutler, T.; Schaffranek, M.; Steinmetz, D. (1988): Statistik-Übungen im wirtschaftswissenschaftlichen Grundstudium, Springer, Berlin et al., 2. Auflage.

Drexl, A. (1985): Inventur auf Stichprobenbasis, Die Betriebswirtschaft 45, 278–291.

Fahrmeir, L.; Künstler, R.; Pigeot, I.; Tutz, G.; Caputo, A.; Lang, S. (2009): Arbeitsbuch Statistik, Springer, Berlin et al., 5. Auflage.

Hansen, G. (1985): Methodenlehre der Statistik, Vahlen, München, 3. Auflage.

Hartung, J.; Elpelt, B.; Klösener, K.-H. (2009): Statistik, Oldenbourg, München – Wien, 15. Auflage.

Hartung, J.; Heine, B. (1999): Statistik-Übungen: Deskriptive Statistik, Oldenbourg, München – Wien, 6. Auflage.

Hartung, J.; Heine, B. (2004): Statistik-Übungen: Induktive Statistik, Oldenbourg, München – Wien, 4. Auflage.

Jeske, R. (2003): Spaß mit Statistik: Aufgaben, Lösungen und Formeln zur Statistik, Oldenbourg, München – Wien, 4. Auflage.

Lehn, J.; Wegmann, H.; Rettig, S. (2001): Aufgabensammlung zur Einführung in die Statistik, Teubner, Stuttgart et al., 3. Auflage.

Missong, M. (2005): Aufgabensammlung zur deskriptiven Statistik, Oldenbourg, München – Wien, 7. Auflage.

Olbricht, W. (2013): Statistik zum Mitdenken: Ein Arbeits- und Übungsbuch, Kohlhammer, Stuttgart, 2. Auflage.

Rönz, B.; Strohe, H. G. (1994): Lexikon Statistik, Gabler, Wiesbaden.

Schaich, E.; Münnich, R. (2001): Mathematische Statistik für Ökonomen: Arbeitsbuch, Vahlen, München.

Scherrer, G.; Obermeier, I. (1981): Stichprobeninventur, Vahlen, München.

Schlittgen, R. (2015): Angewandte Zeitreihenanalyse mit R, De Gruyter Oldenbourg, Berlin et al., 3. Auflage.

Schwarze, J. (2013): Aufgabensammlung zur Statistik, Neue Wirtschafts-Briefe, Herne, 7. Auflage.

Sturm, L. (1983): Vorratsinventuren mit Stichprobenverfahren, Harri Deutsch, Thun – Frankfurt.